André Domscheit

Organisations- und Personalentwicklung nach Maß

André Domscheit

Organisations- und Personalentwicklung nach Maß

Seminare, Trainings und Coachings, die sich rechnen

Bibliografische Information der Deutschen Bibliothek
Die Deutsche Bibliothek verzeichnet diese Publikation in der Deutschen Nationalbibliografie.
Detaillierte bibliografische Daten sind im Internet über http://dnb.ddb.de abrufbar.

ISBN 978-3-636-03093-1

© 2007 by mi-Fachverlag, Redline GmbH, Landsberg am Lech.
Ein Unternehmen von Süddeutscher Verlag | Mediengruppe.
www.mi-fachverlag.de

Umschlaggestaltung: Jarzina Kommunikations-Design, Köln
Satz: TypoGrafik S. Kampczyk, Mering
Druck und Bindearbeiten: Holzhausen, Wien
Printed in Austria

Inhalt

Einführung

Unternehmen werden in erster Linie von Menschen bewegt. Im Zusammenspiel mit der Unternehmenskultur, mit Produkten, Dienstleistungen und mit den Kunden entsteht dann ein erfolgreiches Ganzes, wenn alle Mitarbeiter sich mit den Unternehmenszielen identifizieren und auf dieser Basis geschult sind.

Viel zu häufig bleibt die Organisations- und Personalentwicklung heute beim Angebot von mehr oder minder »genormten« Standard-Seminaren stehen und erfasst damit das jeweilige Unternehmen weder in seiner Tiefe noch in seiner Ganzheit. Statt nach dem üblichen Gießkannenprinzip der Weiterentwicklung vorzugehen und für alle Mitarbeiter dieselben Trainingsmaßnahmen anzubieten, stelle ich Ihnen in diesem Buch ein anderes Weiterbildungskonzept vor, das ich mit den Begriffen »ganzheitlich« und »integriert« umschreibe:

- Ganzheitlich darum, weil es das gesamte Unternehmen und die Unternehmensziele einbezieht und sich weder auf einzelne Ebenen und Bereiche noch auf spezielle Schulungsinhalte beschränkt;
- ganzheitlich auch darum, weil es für die Bedürfnisse des jeweiligen Unternehmens maßgeschneidert wird;
- integriert deshalb, weil es alle notwendigen Weiterbildungsmaßnahmen aus einer Hand und als aufeinander abgestimmtes Konzept bietet;
- integriert auch deshalb, weil es pädagogisch so aufgebaut ist, dass Praxis- und Lernerorientierung mit Kreativität verbunden wird und der Lernerfolg sehr viel höher als üblich ist.

Diese innovative und mehrfach preisgekrönte Prozessbegleitung, die die Personal- mit der Organisationsentwicklung verbindet, ist seit mehr als fünfzehn Jahren praxiserprobt und hat vielen Unternehmen geholfen, Kosten einzusparen, die Gewinne zu erhöhen, die Personalfluktuation zu senken, die Mitarbeiter zu mehr Engagement zu motivieren, die Kundenzufriedenheit zu erhöhen – kurz: die Wettbewerbsfähigkeit insgesamt zu stärken. Im Buch wird eine Reihe dieser erfolgreichen Unternehmen und der bei ihnen durchgeführten Maßnahmen zur Prozessbegleitung vorgestellt.

Kritiker der Personalentwicklung behaupten zu Recht, Seminare verursachten hohe Kosten, seien aber oft nur von geringer Wirkungskraft und -dauer. Die integrierte und ganzheitliche Weiterbildung tritt den Beweis für das Gegenteil an. Ich zeige auf der Basis des Bildungscontrollings, dass Seminare und Trainings nachweislich einen hohen Return-on-Investment haben und sich rechnen, sofern sie von Anfang an bedarfsgerecht auf das jeweilige Unternehmen zugeschnitten sind und durchgeführt werden. Letztlich finanziert sich dann die Weiterbildung komplett selbst. Denn Personal- und Organisationsentwicklung soll und muss sich für jedes Unternehmen rentieren.

Dieses Buch ist folgendermaßen aufgebaut: Im ersten Teil erläutere ich, wie Bildungscontrolling heute verstanden wird und wo meiner Ansicht nach die Engpässe liegen. Ich zeige verschiedene Ansätze des Controllings auf und erkläre, wo die Diskrepanz zwischen Theorie und Praxis liegt und wie sich diese überbrücken lässt.

Der zweite Teil des Buches ist grob nach den vier Phasen des Bildungszyklus gegliedert: Die Festlegung der Bildungsziele im Unternehmen (Kapitel 6 und 7) und die Bildungsbedarfsanalyse (Kapitel 8) stehen an erster Stelle. Denn nur, wenn man die Ziele der Weiterbildung im Unternehmen genau festgelegt hat, kann man später ein Bildungscontrolling konkret durchführen. Es folgen Konzeption und Durchführung der Bildungsmaßnahmen (Kapitel 9 und 10) und zuletzt das Controlling inklusive Kostenerhebung (Kapitel 11).

Zu Beginn des zweiten Teils (Kapitel 6) wird erläutert, wie Change-Management im Unternehmen wirkungsvoller gestaltet werden kann, indem alle Mitarbeiter in die Erarbeitung von Unternehmensvisionen, -werten, -strategien und -zielen aktiv einbezogen werden und ihre Zustimmung dazu zum Motor des kommenden Prozesses wird, ihn beflügelt und Gegnern den Wind aus den Segeln nimmt. Als Instrument dient die Zukunftswerkstatt, eine spezielle Veranstaltungsform, die ich im siebten Kapitel detailliert vorstelle.

Im achten Kapitel zeige ich, wie Bildungsbedarfsanalysen so durchgeführt werden, dass sie den wirklichen Bedarf erfassen und die üblichen Schwächen der Standardisierung vermeiden. Anhand von zwei Beispielen stelle ich ein alternatives Personalauswahlverfahren vor, das es im Gegensatz zum klassischen Assessment-Center ermöglicht, die Teilnehmer in ihrem natürlichen Verhalten zu beobachten und zu bewerten, anstatt sie unter Prüfungsstress zu setzen und dadurch gegebenenfalls verzerrte Resultate zu erhalten.

Im neunten Kapitel werden detailliert die pädagogischen Kriterien vorgestellt, die dem integrierten Trainingskonzept zugrunde liegen: Die

Seminare sind gehirngerecht, suggestopädisch, praxisnah, kreativ und spielerisch konzipiert, wobei im Gegensatz zum frontalorientierten Seminar die rein kognitive Wissensvermittlung in den Hintergrund rückt.

Das zehnte Kapitel zeigt, wie KVP-Prozesse durch das integrierte Training der Mitarbeiter aller Ebenen außerordentlich hohe Erfolge gebracht haben. Das elfte Kapitel geht auf die Evaluation von Bildungsmaßnahmen ein. Es wird unter anderem ein besonderes Verfahren der Mitarbeiterbeurteilung vorgestellt.

Im dritten Teil des Buches wird an konkreten Beispielen gezeigt, wie kompetente Personal- und Organisationsentwicklung von Einzelnen im Unternehmen verhindert wird und welche Hintergründe dies hat. Insbesondere gehe ich dabei auf Lösungsvorschläge ein.

Am Ende des Buches findet sich überblicksartig eine Zusammenfassung des gesamten Trainingskonzepts.

Viel Spaß und Erfolg bei der Umsetzung der integrierten und ganzheitlichen Weiterbildung in Ihrem Unternehmen wünscht

André Domscheit

Teil I

Bildungscontrolling –
Weiterbildung im Unternehmen
unter Rechtfertigungsdruck

1   Der alles entscheidende Erfolgsfaktor im Unternehmen

Mittelständische Unternehmen aller Branchen stehen heute mehr und mehr unter Erfolgsdruck. Vor dem Hintergrund sich massiv und schnell verändernder Märkte im nationalen und internationalen Umfeld gilt es, Wettbewerbsfähigkeit und Kundenorientierung mehr denn je unter Beweis zu stellen, um der Globalisierung und dem anhaltenden technischen und wirtschaftlichen Wandel gewachsen zu sein. Unternehmen, die weniger gut aufgestellt sind und die nicht an sich und ihrem Potenzial arbeiten, müssen damit rechnen, dass Auftraggeber im Zuge der Globalisierung mehr und mehr Richtung Osteuropa und Asien abwandern, weil sie dort »kostengünstiger« produzieren können.

In *Produktionsbetrieben* gibt es im informationstechnologischen und maschinellen Bereich mehr Veränderungen und Optimierungen denn je, doch laufen diese letztlich nicht auf einen Wettbewerbsvorteil hinaus. Denn schließlich stehen dieselben Maschinen und technischen Innovationen der Konkurrenz ebenfalls zur Verfügung; just in time zu produzieren, reicht heute allein nicht mehr aus, um einen Vorsprung vor Wettbewerbern zu erlangen. In *Handelsbetrieben* wiederum ist es so, dass die angebotenen Produkte in praktisch allen Branchen immer austauschbarer werden. Die gleichen Produkte und Markenwaren derselben Hersteller werden auch von den Konkurrenten des Handels angeboten, so dass hier ebenfalls kein Wettbewerbsvorteil zu generieren ist. Und ständig ein Karussell von Sonderangeboten zu fahren und damit zu werben, dass man gerade eine Ware »billiger« als die anderen anbietet, schafft – obwohl viele dies anscheinend glauben – ebenfalls keinen Wettbewerbsvorsprung, sondern führt mittel- bis langfristig in eine Abwärtsspirale sinkender Kostendeckungsbeiträge und sinkender Gewinnmargen.

Worin liegt also der »entscheidende Unterschied«, mit dem Unternehmen im Wettbewerbsumfeld punkten, mit dem sie sich einen Vorsprung sichern und für Kunden attraktiver werden können? Er liegt im »Faktor Mensch«. Die Mitarbeiter aller Hierarchieebenen und Bereiche sind erfolgsentscheidend, wenn es um die Wettbewerbsfähigkeit eines Unternehmens geht. Diese Aussage klingt leider schon so abgedroschen und fast banal, dass ich mich kaum traue, sie hier zum x-ten Mal zu wiederholen. Immer wenn irgendwo davon die Rede ist, dass »der Mensch im Mittelpunkt des Unternehmens« steht, nicken wir alle pflichtschuldigst – weil wir es ja längst wissen und weil es definitiv nichts Neues ist. Erst vor Kurzem hat eine Einschätzung der »wahrgenommenen Wichtigkeit strategischer Themen für das Unternehmen 2006« (HR-Barometer 2004/2006) erneut

zu dem Ergebnis geführt, dass unter 25 Parametern der Bereich Personal-
und Führungskräfteentwicklung mit 42 Prozent an zweiter Stelle steht,
gefolgt von Human Capital Management/Kompetenzmanagement mit
32 Prozent.

> »Was aber eine Einheit bilden soll,
> muss der Art nach verschieden sein.«
> (Aristoteles)

Es ist aber andererseits in den Unternehmen immer wieder festzustellen,
dass dem Lippenbekenntnis zum »Menschen im Mittelpunkt« zwar einerseits zugestimmt wird, andererseits aber für die Weiterentwicklung und
Förderung der Mitarbeiter manchmal wenig und ebenso oft zwar irgendet-
was, aber nicht das Richtige getan wird. Dahinter stecken meist diverse
»Sachzwänge« und »Problemfelder«, die ineinandergreifend eine optimale – integrierte, ganzheitliche – Weiterbildung der Mitarbeiter im Unternehmen blockieren oder gar verhindern. Einige dieser Problemfelder und
deren konstruktive Auflösung beziehungsweise Beseitigung werden uns
im zweiten und dritten Teil des Buches noch beschäftigen.

Warum sind nun die Mitarbeiter der wettbewerbsentscheidende Faktor
im Unternehmen? Bleiben wir beim Beispiel der Produktions- und der
Handelsbetriebe. Im maschinell-technischen Bereich, in der heute üblichen Just-in-Time-Produktion, kommt es darauf an, wie engagiert die
Menschen an den Fließbändern und Maschinen mitarbeiten: Schaffen sie
die vorgegebenen Stückzahlen, und wenn ja, wie viel Ausschuss wurde
produziert? Sehen sie Fehler, erkennen sie Verbesserungspotenzial oder
gehen sie eher gleichgültig darüber hinweg? Tragen sie KVP-Maßnahmen
motiviert mit oder sind es nur ungeliebte Anweisungen von oben, denen
sie eher aus dem Weg gehen und die bestenfalls halbherzig umgesetzt
werden?

Bei der Betriebsbesichtigung eines Schaumstoff produzierenden Betriebs fiel uns eine Öllache unter einer Maschine auf. Auf unsere Frage, aus
welchem Grund und seit wann die Maschine nicht in Ordnung ist,
antwortete der zuständige Mitarbeiter: »Sie leckt schon seit Jahren. Der
Verschluss ist undicht.« Als wir nachfragten, warum der Fehler nicht
behoben werde, sagte der Mitarbeiter achselzuckend: »Das ist nicht meine
Aufgabe, sondern die der Technik. Wenn die nicht wollen, dann passiert
eben nichts.« Der Ölverlust beträgt 20.000 Euro pro Jahr.

Doch es gibt auch andere Betriebe: herausragende Produktionsunternehmen – sie werden im Laufe dieses Buches vorgestellt – die sich durch
die Leistungen der Mitarbeiter und durch ihre gesamte Unternehmenskultur einen großen Wettbewerbsvorsprung vor der Konkurrenz erarbeitet
haben.

Dass die Mitarbeiter in einigen herausragenden Betrieben exzellente Leistungen erbringen konnten und können, ist die Folge der Umsetzung eines *ganzheitlichen und integrierten* Weiterbildungskonzepts, dass alle Menschen im Unternehmen, auch alle Hierarchieebenen, einbezieht.

»Das Verhalten ist die Konsequenz deiner Einstellung.«
(Quelle unbekannt)

Im Einzelhandel kommt es mehr und mehr auf den Kontakt und die Beziehung zum Kunden an. Wenn die *Produkte* letztlich austauschbar sind, ist es entscheidend, ob die Verkäufer in der Lage sind, die *Kunden* und ihre Bedürfnisse zu erkennen und sich auf sie einzustellen. Dazu ein Beispiel: Als in nur 500 Meter Entfernung von einem Elektronikfachmarkt ein großer Elektronikdiscounter mit der zehnfachen Verkaufsfläche kurz vor der Eröffnung stand, fürchteten die Mitarbeiter des Fachmarkts um ihre Arbeitsplätze. Angst, Resignation und Perspektivlosigkeit verbreiteten sich in der Belegschaft. In Zusammenarbeit mit der Geschäftsführung und mit den Mitarbeitern haben externe Trainer daraufhin unter dem Motto »Jetzt erst recht« einen Change-Prozess begleitet, um die neue Marktsituation zu bewältigen. Unter anderem wurden die Alleinstellungsmerkmale des Fachmarkts und eine Strategie herausgearbeitet, um Kunden zu gewinnen. Als dann der Discounter mit dem Verkauf loslegte, ging der Umsatz des Fachmarkts sogar in die Höhe. Es war gelungen, positive Kundenbeziehungen aufzubauen. Der Fachmarkt bot, was der Discounter nicht bieten konnte: individuelle Kundenbetreuung, Beratung und Service vor und nach dem Kauf. Damit gewann er einen Vorsprung vor dem Discounter.

In den gesättigten Märkten, in denen wir uns heute befinden, geht es weniger darum, Produkte »abzuverkaufen«, als darum, sich auf Kundenwünsche einzustellen. Der Faktor der menschlichen Beziehungen rückt gegenüber den Produkten mehr und mehr in den Vordergrund. Denn der Kunde geht meist nicht in ein Geschäft, weil er dort Produkt A von Hersteller B bekommt – das bekommt er woanders auch und oft sogar billiger – sondern weil er sich gut beraten und gut bedient fühlt. Ob die Beziehung zum Kunden im ganzen Unternehmen wirklich im Mittelpunkt steht und gelebt wird, ist wiederum eine Frage der Weiterbildung der Mitarbeiter, ihrer Professionalität und Qualität, und zwar entlang der gesamten Wertschöpfungskette. Denn es nützt nichts, wenn der Verkäufer freundlich und serviceorientiert agiert, es dann aber mit der termingerechten Auslieferung beim Kunden nicht klappt.

Wenn also die Wettbewerbsfähigkeit der Unternehmen mehr und mehr durch den »Faktor Mensch« bestimmt wird, sollte im gleichen Maße auch die Weiterbildung im Unternehmen zur Entwicklung der Mitarbeiterqualifikationen in den Mittelpunkt gestellt werden. Es mehrten sich jedoch leider in den letzten Jahren Stimmen, die einen »mangelnden Transfer« von Seminar- und Trainingswissen auf den beruflichen Alltag der Teilnehmer kritisierten. Dies führte dazu, dass einerseits der Umfang der Weiterbildungsmaßnahmen in den Betrieben zurückgefahren und andererseits der Erfolg vieler Trainingsmaßnahmen stark in Frage gestellt wurde. Offensichtlich erbrachten die Maßnahmen im Unternehmen keinen oder nicht den erwünschten Nutzen bei der Qualifikation der Mitarbeiter. Das Bildungscontrolling wurde eingeführt, um einen Nachweis führen zu können, ob und inwieweit durchgeführte Trainingsmaßnahmen tatsächlich erfolgreich waren.

Bildungscontrolling – Engführung oder Chance für die Weiterbildung im Unternehmen?

Controlling dient als eines der vier klassischen Managementinstrumente neben Analyse, Planung und Umsetzung der Steuerung und Überprüfung unternehmensinterner Abläufe und ihrer Wirksamkeit. In den letzten fünfzehn Jahren nimmt das Controlling einen wachsenden Stellenwert in allen Unternehmen ein. Unter dem Vorzeichen des steigenden Kostendrucks und der permanenten Forderung nach Kostensenkung mussten sich immer mehr Unternehmensbereiche dem Controlling stellen, zuletzt auch der Bereich Weiterbildung. Das sogenannte »Bildungscontrolling« hat sich innerhalb der letzten fünfzehn Jahre stetig etabliert, auch wenn es kein einheitliches System gibt, mit dem Bildungscontrolling in das organisationsweite Controlling einbezogen und integriert wird.

Mit der Einführung des Bildungscontrollings ist jedoch die Weiterbildung im Unternehmen in den letzten Jahren in steigendem Maße unter Kosten- wie auch unter Legitimationsdruck geraten:

- Ist Weiterbildung generell zu teuer? Wie viel dürfen Trainingsmaßnahmen überhaupt kosten?
- Wo lassen sich sinnvolle Einsparungsmaßnahmen durchführen? Welche Trainings sind verzichtbar, welche nicht?
- Wie lässt sich sicherstellen, dass die Mitarbeiter das in den Trainings Erlernte tatsächlich anwenden, dass also die Wirksamkeit und die Nachhaltigkeit gegeben sind?
- Und wie lässt sich messen, dass sich die Effektivität der Trainings wiederum positiv in der Unternehmensentwicklung niederschlägt, also einen messbaren Return-on-Investment bringt?

Die Weiterbildung in den Unternehmen bewegt sich heute im Spannungsfeld dieser Fragen, ohne dass eine befriedigende Antwort gefunden wäre. Wir erleben eine drastische Verkürzung der sogenannten »Halbwertzeit des Wissens«, die durch immer neue technische Verfahren, neue Kundenanforderungen, verkürzte Produktlebenszyklen, abrupte Marktveränderungen und so weiter bedingt ist; wir gehen zunehmend auf eine *wissensbasierte Wertschöpfung* zu, in der die Kompetenz aller Mitarbeiter im Unternehmen entscheidend für die Wettbewerbsfähigkeit ist. Dies zeigt, dass die betriebliche Weiterbildung letztlich unverzichtbar ist, wenn die Unternehmen weiterhin Schritt halten und ihre Marktposition erhalten und sichern wollen. Die Entwicklung von Mitarbeiterqualifikationen erfordert eine laufende Orientierung an den Markt- und Unternehmenszielen.

>*»Wenn ein Jahr nicht leer verlaufen soll, muss man beizeiten anfangen.«*
>*(Johann W. von Goethe)*

Auf der anderen Seite ist es trotz steigenden Kostendrucks nicht möglich, Trainingskosten immer weiter zu reduzieren, wenn nicht die Trainingsqualität erheblich darunter leiden soll. Zudem beanspruchen gerade Weiterbildungsinstitute gerne für sich eine Sonderstellung, indem sie behaupten, dass Lernen und Training eine Sonderrolle spielten und deshalb vom normalen Prozess der Geschäftsbewertung ausgeschlossen sein sollten. Wir meinen, dass diese Sonderstellung des Bildungsbereichs nicht gegeben ist und sich auch Bildungsmaßnahmen einer geschäftlichen Bewertung unterziehen müssen. Das kann im Einzelfall zum Beispiel bedeuten, antizyklisch vorzugehen, also – wie am Beispiel des Elektronikfachmarktes gezeigt – genau dann in Weiterbildung zu investieren, wenn es, vordergründig gesehen, wenig erfolgversprechend ist.

In diesem Buch wird gezeigt, dass es möglich ist, prozessorientierte Weiterbildungsmaßnahmen durchzuführen, die sich nachweislich rechnen und die trotzdem effektiv und effizient sind, weil der Praxistransfer des Erlernten und der Nutzen für das Unternehmen belegbar sind.

Dafür müssen gewisse Voraussetzungen erfüllt sein, die das Bildungscontrolling wie auch generell das Weiterbildungswesen in vielen Unternehmen (noch) nicht erfüllen, aber leicht erfüllen könnten. Es handelt sich nicht um die »Quadratur des Kreises«, sondern um ein lösbares Problem. Bildungscontrolling braucht also keine Engführung zu sein, sondern kann durchaus eine Chance für die Mitarbeiter wie auch für den Betrieb im Ganzen sein.

2 Bildungscontrolling in den Unternehmen – die Praxis heute

Wie wird Bildungscontrolling heute in den Unternehmen praktiziert? In den vergangenen fünfzehn Jahren wurde eine Reihe von empirischen Studien durchgeführt, um zu ermitteln, inwieweit Unternehmen überprüfen, ob sich Bildungsmaßnahmen rechnen und welche Controllinginstrumente sie dabei einsetzen. Studien des Bundesinstituts für Berufsbildung (BiBB) und des Instituts der Deutschen Wirtschaft (IW), die jeweils statistisch repräsentative Befragungen von Betrieben einschlossen, kommen zu folgenden, teilweise überraschenden Ergebnissen:

- Die Ermittlung des Bildungsbedarfs erfolgt bei 66 Prozent der Unternehmen nicht aufgrund langfristiger Planungen, sondern eher kurzfristig. Lediglich Großbetriebe verfolgen eine längerfristige Weiterbildungsplanung.
- Die Bedarfsermittlung selbst wurde von 50 Prozent der Betriebe als eher schwierig empfunden. Sie beschränkte sich häufig auf folgende Verfahren: Problemanalyse an neuralgischen Punkten (43 Prozent), Befragung von Vorgesetzten und Mitarbeitern (je 35 Prozent), Auswertung externer Bildungsangebote (28 Prozent) und Befragung des Betriebsrates (7 Prozent).
- Etwa 80 Prozent der Unternehmen unterziehen ihre Weiterbildungsaktivitäten einer Erfolgskontrolle, allerdings nur mit sehr eingeschränkten Verfahren: Knapp 55 Prozent verwenden standardisierte Seminarbeurteilungen, knapp 46 Prozent lassen Vorgesetzte urteilen und 42 Prozent stellen die Arbeitsergebnisse fest.
- Einen geringen Stellenwert messen große wie kleine Betriebe der Durchführung von Kosten-Nutzen-Analysen bei, weil sie diese für schwierig und aufwendig halten. Zwar werden die Kosten immer detailliert erfasst, doch wird ihnen der Nutzen nicht unmittelbar gegenübergestellt. Zunächst gestartete Versuche, Kosten-Nutzen-Analysen durchzuführen, wurden von vielen Unternehmen als nutzloses Unterfangen wieder abgebrochen. »Dieses Stückchen messbares Training, messbare Aus- und Weiterbildung – mir fehlt bisher der Glaube daran«, so brachte es einer der befragten Bildungsverantwortlichen auf den Punkt.
- Eine quantifizierte Kosten-Nutzen-Abwägung erfolgte in keinem der befragten Betriebe. Bedarfsanalysen und Evaluationen stehen gegenüber Kosten-Nutzen-Rechnungen deutlich im Vordergrund.

- Zu 95 Prozent wird die Zufriedenheit der Teilnehmer nach einer Maßnahme ermittelt und zu 12 Prozent wird der Lernerfolg geprüft. Aber nur 15 Prozent der großen Unternehmen ermitteln den Transfer des Gelernten in den praktischen Alltag.
- Nur wenige Unternehmen engagieren sich, die Wirksamkeit von Weiterbildungsmaßnahmen anhand monetärer Größen zu bestimmen.
- Der wirtschaftliche Beitrag von Weiterbildungsmaßnahmen zum Unternehmenserfolg wird praktisch nie gemessen!
- Nur 10 Prozent der großen und 7 Prozent der kleinen Betriebe richten ihre Bildungsmaßnahmen konsequent an einem Konzept des Bildungscontrollings aus. In den meisten befragten Unternehmen sind nach eigener Einschätzung nur einzelne Elemente des Bildungscontrollings vorhanden, die oft isoliert nebeneinander stehen.
- Die Geschäftsführungen vieler Betriebe geben sich häufig mit der Dokumentation der Weiterbildungstätigkeiten mittels Kennziffern zufrieden, wie zum Beispiel Anzahl der Seminare oder Teilnehmer, Teilnehmertage, Kosten je Veranstaltung oder Teilnehmer. Eine konkrete Messung des Return-on-Investment führten nach einer Befragung von 2003 genau 67 Prozent der Unternehmen durch; allerdings bezieht sich diese Zahl auf die USA.

Erstaunlich sind diese Ergebnisse darum, weil angesichts des anfangs skizzierten steigenden Kosten- und Wettbewerbsdrucks und trotz des in nahezu allen Unternehmensbereichen eingeforderten Controllings der Weiterbildungsbereich bei allen damit verbundenen Bemühungen doch ein wenig als »Stiefkind« erscheint. Damit wird der Ruf nach einem umfassenden Controlling aller Betriebsbereiche wieder stark relativiert. Aus den Ergebnissen ist teilweise die Unsicherheit abzulesen, mit der dem Bildungscontrolling insgesamt begegnet wird: Wie lässt sich der Erfolg von Weiterbildungsmaßnahmen überhaupt messen? Was sollte und was kann sinnvollerweise gemessen oder nachgewiesen werden? Und in welcher Beziehung steht das Gemessene zur Erreichung der Unternehmensziele im Ganzen? Wir behaupten:

> Es ist möglich, die Wirkung von Bildungsmaßnahmen, vor allem deren Nutzen für das Unternehmen, konkret zu messen und nachzuweisen. Dazu bedarf es keiner komplizierten und aufwendigen Rechen- oder Datenerfassungsmethoden, sondern die notwendigen Methoden sind längst vorhanden, werden aber nur teilweise und nicht konsequent angewandt. Ein ganzheitliches und integriertes Weiterbildungskonzept weist den Weg dazu.

In den Erstkontakten bei Neukunden erleben wir, dass viele dieser Behauptung erst einmal skeptisch gegenüberstehen. Häufig heißt es: »Ein ganzheitliches Konzept kann nicht funktionieren, weil man bestimmte Unternehmensbereiche nicht einbinden kann.« Erst wenn wir Neukunden zum Benchmarking in einen Betrieb einladen, in dem es funktioniert, sind sie von diesem Konzept überzeugt.

3   Die Phasen des Bildungszyklus

Bildungscontrolling orientiert sich an den Phasen des Bildungszyklus. Die Einhaltung dieser Phasen garantiert einerseits systematisches Vorgehen im Weiterbildungsprozess und stellt andererseits sicher, dass ein Controlling als Überprüfung oder als Messung der Wirksamkeit durchgeführter Trainingsmaßnahmen überhaupt möglich ist. Die übliche Einteilung in Phasen ist folgende:

1. Erhebung des Bildungsbedarfs und Festlegung der Bildungsziele
2. Konzeption und Planung von Bildungsmaßnahmen
3. Durchführung der Maßnahmen
4. Erfolgskontrolle beziehungsweise Controlling inklusive Kostenerhebung

Erhebung des Bildungsbedarfs und der Bildungsziele als wohlformulierte Theorie?

Im ersten Schritt wird ermittelt, welcher Bildungsbedarf bei den Mitarbeitern besteht. Meist liegt die Verantwortung dafür bei der Personalabteilung. Anhand verschiedener Methoden – vorwiegend anhand von Mitarbeitergesprächen, Assessment-Centern, Interviews, zum Teil auch repräsentativen Befragungen – wird ermittelt, bei welchen Mitarbeitern ein Entwicklungsbedarf besteht. Dafür wird das vorhandene Kompetenzprofil des Mitarbeiters mit seinem Anforderungsprofil verglichen – zum Beispiel anhand der Stellenbeschreibung. Die eventuellen Abweichungen zwischen Ist- und Sollzustand werden so ermittelt, woraus die Bildungs- und Entwicklungsziele abgeleitet werden. Der Kompetenzentwicklungsbedarf von Mitarbeitern kann folgende Bereiche betreffen:

- die *Fachkompetenz:* das erforderliche kognitive Wissen und die fachlichen Fertigkeiten des Mitarbeiters,
- die *soziale Kompetenz:* die Fähigkeit, im sozialen Umfeld so zu kommunizieren, dass Leistungen erbracht und Ziele erreicht werden (Team- und Kommunikationsfähigkeit, Interaktions- und Konfliktfähigkeit et cetera),
- die *methodische Kompetenz:* die Fähigkeit, gestellte Aufgaben und Probleme mit jeweils adäquaten Methoden zu bearbeiten und zu lösen,
- die *emotionale Kompetenz:* die Fähigkeit, als Mitarbeiter seine eigenen Emotionen und als Führungskraft auch den eigenen Bereich so zu

steuern, dass die Motivation zur täglichen Aufgabenbewältigung auf einem hohen Niveau erhalten bleibt und negative Emotionen (Ärger, Wut, Stress) produktiv verarbeitet werden.

So weit, so gut. Aber leider nicht ausreichend für ein wirkungsvolles Bildungscontrolling und dafür, dass die später durchgeführten Bildungsmaßnahmen tatsächlich den gewünschten nachhaltigen Erfolg im Verhalten der Mitarbeiter haben! Wir behaupten:

Die übliche Bildungsbedarfsanalyse, wie sie heute allgemein durchgeführt wird, ist *unzureichend*. Sie setzt einen Schritt zu spät an und ist außerdem zu punktuell und zu individuell auf einzelne Mitarbeiter des Unternehmens fokussiert. Ein *ganzheitliches* Weiterbildungskonzept muss *früher* ansetzen – nämlich nicht erst bei der Personal-, sondern schon bei der Organisationsentwicklung; es muss den Bildungsbedarf *gründlicher* ermitteln und darf sich nicht auf *einzelne* Individuen oder Hierarchieebenen im Unternehmen beschränken.

Konzeption und Planung von Bildungsmaßnahmen

Im zweiten Schritt des Bildungszyklus werden nun die Bildungsmaßnahmen konzipiert und geplant. Die konkrete Gestaltung der Schulungen erfolgt in der Regel in Absprache zwischen den Bildungsverantwortlichen in den Unternehmen und den Moderatoren beziehungsweise Trainern. Es wird festgelegt, ob die Trainings on-the-job – also im täglichen Arbeitsumfeld und in räumlicher Nähe zum Arbeitsplatz –, off-the-job – also in räumlicher und inhaltlicher Entfernung vom Arbeitsplatz – oder near-the-job – also in einer Kombination der beiden Lernformen (Qualitätszirkel, Lernprojekte et cetera) durchgeführt werden. Große Unternehmen bündeln die für die einzelnen Mitarbeiter notwendigen Bildungsmaßnahmen zu jährlichen Trainingspaketen oder Weiterbildungskatalogen.

Wir haben in einem Großunternehmen erlebt, dass die Personalentwicklung einerseits viel Geld für Weiterbildungskataloge und deren ansprechende äußere Gestaltung ausgab und kontinuierlich daran arbeitete. Andererseits waren die Anmeldequoten für die Seminare denkbar gering. Was hingegen nachgefragt wurde, waren spezifische Maßnahmen, die nicht im Katalog standen. So kam es, dass in einem angebotenen Kommunikationstraining mehrere Teilnehmer saßen, die aus der »Not« heraus das Seminar belegt hatten, obwohl es nicht ihren Bedürfnissen entsprach. Es war das einzige Training zum Thema Kommunikation, allerdings nicht zum gewünschten Spezialthema *Qualitätssicherungsgespräche*. Der externe

Trainer gestaltete daraufhin in Abstimmung mit der Personalentwicklung und mit Einverständnis der übrigen Teilnehmer das Seminar so, dass das Thema Qualitätssicherung trainiert werden konnte. Wir sind keine Gegner von Weiterbildungskatalogen, denn sie erfüllen im Unternehmen eine sinnvolle Funktion. Andererseits sollte die Flexibilität des Angebots gewahrt bleiben, so dass auf einen konkreten Bedarf hin auch Ergänzungen möglich sind.

Häufig werden externe Weiterbildungsinstitute erst im zweiten Stadium des Prozesses – wenn die Bildungsbedarfsanalyse bereits durchgeführt wurde – eingeschaltet und aktiv einbezogen. Wir behaupten:

> Wenn Weiterbildung und Bildungscontrolling im Unternehmen wirklich effektiv sein sollen, sollten interne Weiterbilder wie auch gegebenenfalls externe Trainingsinstitute intensiv beteiligt werden.

Häufig wird bei der Bildungsbedarfsanalyse eine ganze Sammlung heterogener Bildungsziele ausgemacht. Benötigt werden dann innerhalb eines Jahres beispielsweise für die Verkäufer Motivations- und Verkaufstrainings, für die angehenden neuen Führungskräfte Führungskräftetrainings, für projektorientiert zusammenarbeitende Gruppen Teamentwicklungsseminare, für spezielle Zielgruppen Verhandlungs- und Konflikttrainings und für Produktionsmitarbeiter Schulungen im Umgang mit speziellen Maschinen. Das so entstehende »Potpourri« divergierender Bildungsmaßnahmen wird dann über völlig verschiedene externe Trainingsinstitute »verteilt«. Institut A übernimmt Training A, Institut B übernimmt Schulung B und so weiter. Dagegen ist nichts zu sagen, solange die Maßnahmen der unterschiedlichen externen Partner aufeinander abgestimmt sind und von der Personalentwicklung gebündelt werden.

An einem Weiterbildungsprojekt in einem Chemieunternehmen waren drei externe Trainingsinstitute beteiligt. Eines davon hielt sich nicht an die Vereinbarungen und stimmte die Maßnahmen nicht mit den übrigen beiden Trainingspartnern ab. So kam es, dass eine verfrüht durchgeführte Kick-off-Veranstaltung in einer Abteilung des Unternehmens aufgrund des dort entstandenen Know-how-Vorsprungs zu einer Demotivation der übrigen Abteilungen führte. Das Trainingsinstitut war »vorgesprescht« und hatte sich damit nicht kundenorientiert verhalten. Eine koordinierte Durchführung des Weiterbildungsprojektes im ganzen Betrieb war nicht mehr möglich. Daraufhin trat eines der beiden übrigen Trainingsinstitute von dem Projekt zurück, so dass schließlich die gesamten Weiterbildungsmaßnahmen gestoppt wurden. Das Motivationsniveau der Mitarbeiter war anschließend niedriger als vor Projektbeginn.

Zwischen Christkind und Kamillentee – die Situation auf dem heutigen Bildungsmarkt

Die »Verteilung« des gesamten Weiterbildungsangebots und -budgets über eine Reihe unterschiedlicher Trainingsinstitute ist natürlich zu einem großen Teil der heutigen Situation auf dem Bildungsmarkt zuzuschreiben. Die Bildungsdienstleister befinden sich in einer extremen Umbruchsituation, die Konkurrenzsituation verschärft sich. Im heute existierenden Verdrängungsmarkt sind viele Seminaranbieter mittlerweile zu »Bauchladenverkäufern« geworden, die »alle Arten von Trainings für jeden« anbieten. Dabei kommen lediglich Standard-Trainings heraus, die allgemein bekanntes Know-how in immer gleicher Weise weitervermitteln.

Aus der Fülle der gleichartig erscheinenden Trainingsangebote versuchen die Unternehmen, sich bestmöglich zu bedienen, indem sie eben für jedes Weiterbildungsthema das bestgeeignete Angebot beziehungsweise unter vergleichbaren Angeboten das kostengünstigste Institut auswählen. Gebündelt wirkt das gesamte Weiterbildungsprogramm eines Unternehmens dann wie ein Kaufhausangebot: Das Sortiment besteht aus einer Fülle von einzelnen, voneinander unabhängigen »Waren« beziehungsweise Seminarthemen.

Schon vor Jahren hat Thomas Sattelberger die Mentalität der verschiedenen Seminaranbieter und den damit verbundenen Charakter der Weiterbildung im Unternehmen als »vier Wege in die Sackgasse« in einer humorvollen Tabelle zusammengefasst:

Angebot des Weiterbildungsinstituts	Dahinter vermutetes Verständnis des Auftraggebers	Weiterbildung im Unternehmen ...
»Was möchten Sie? Wir liefern!«	Bildungswesen als »Christkind«	als Befriedigung subjektiver Wünsche und Bedürfnisse
»Wir bieten an. Sie greifen zu.«	Bildungswesen als »Bauchladensortiment«	im Warenhausstil – so unverbindlich wie ein Kaufhausangebot

»Heute gibt es Fisch, auch wenn Sie Schuhe brauchen.« (Heute gibt es Teamtraining, auch wenn Sie Konflikttraining brauchen.)	Bildungswesen als zentralistische »Planwirtschaft« mit Bevormundungscharakter	mit zeitlich und inhaltlich festgelegten Mengen, die geplant werden
»Kamillentee hilft bei jeder Krankheit.« (Kreativitätstraining hilft bei jedem Problem.)	Bildungswesen als »Wunderheilung«	als standardisiertes Einheitsprogramm von der Stange

Woran es weitgehend fehlt, sind – nach Aussage der Personalentwickler, mit denen wir zusammenarbeiten – Anbieter, die sich *individuell* auf die Bedürfnisse der jeweiligen Unternehmen einstellen und somit *vertiefend* auf den wirklichen Weiterbildungsbedarf der Unternehmen eingehen können, anstatt nur »genormte« Trainings anzubieten. Viele behaupten zwar, dass sie sich auf die Kundenbedürfnisse einstellen, tun es aber nicht. Hinzu kommt, dass die Institute mit ganz verschiedenen Trainingsmethoden arbeiten und auch höchst unterschiedliche Erfolgsquoten erzielen.

Mit der Verteilung der Bildungsmaßnahmen über ganz verschiedene Weiterbildungsinstitute ist bereits in gewisser Weise der Ansatz zu einer Zersplitterung im Bildungscontrolling gegeben. Die Ergebnisse der verschiedenen Trainings können nur unzureichend einander gegenübergestellt werden, wenn man nicht »Äpfel mit Birnen« vergleichen will. Was geschieht zum Beispiel, wenn die Trainingsergebnisse über verschiedene Unternehmensebenen hinweg nicht einheitlich sind oder nicht optimal ausfallen? Wird das Training gestrichen, wird es im nächsten Jahr wiederholt – oder wird für die Zukunft ein anderes Trainingsinstitut ausgewählt? Selbst wenn die Ergebnisse gut ausfallen, bleibt die Frage, wo noch Optimierungsmöglichkeiten liegen.

In Anbetracht der unzureichenden und schwierigen Situation auf dem Weiterbildungsmarkt sowie der oft mangelnden Vergleichbarkeit von Trainingsinstituten und -methoden war es ein Zeichen, dass nach dem 11. September 2001 viele Betriebe ihr Weiterbildungsbudget radikal zusammengestrichen haben. Da etliche Trainings »von der Stange« sowieso austauschbar zu sein scheinen, weil sie zu teuer sind, vielfach keinen überzeugend messbaren Erfolg vorzuweisen haben und weil die Maßnahmen nicht an den Unternehmenszielen angedockt sind, wurden sie einfach eliminiert. Beispielsweise strich eine Fluggesellschaft beinahe alle Weiterbildungsmaßnahmen, da durch erhöhte Sicherheitsmaßnahmen und die Einführung von Air-Marshalls das vorhandene Budget in anderen Bereichen dringender benötigt wurde. Die einzigen Maßnahmen, die beibehalten wurden, waren prozessbegleitende Organisationsentwicklungs-Workshops, die hundertprozentig mit den Unternehmenszielen verknüpft waren. Damit ging die Fluggesellschaft nach der 80:20-Regel vor: 20 Prozent derjenigen Seminare, mit denen 80 Prozent des Weiterbildungsbedarfs abgedeckt werden können, wurden weiterhin durchgeführt.

Teilweise ist man in den Unternehmen auch dazu übergegangen, aus Kostengründen nur noch Einzel-Trainings zu buchen, die sich auf bestimmte Unternehmensbereiche oder Hierarchiestufen beschränken, aber insgesamt nur wenig Wirkung zeigen. Wir haben zum Beispiel erlebt, dass ein externes Trainerteam von einem Seminarinstitut abgelöst wurde, das mit EU-Mitteln subventioniert wurde. Die Seminare konnten durch die Subventionierung zu 30 Prozent des üblichen Preises eingekauft werden. Leider hatten sie aber nichts mit der wirklichen Unternehmenskultur zu tun. Angeboten wurde ein heterogener Mix aus Themen wie: Rhetorik für Frauen, Moderationstechniken, Präsentation und so weiter, die nicht an die Unternehmensziele angedockt waren. Zu einer Prozessbegleitung war das Seminarinstitut nicht in der Lage, auch wenn es »formal« gewisse Kriterien erfüllte, die zur Subvention berechtigten. Selbstverständlich sind EU-Fördermaßnahmen generell begrüßenswert, aber sie sollten in eine adäquate Prozessbegleitung integriert werden, um einen nachweisbaren Nutzen für das Unternehmen und die Region zu erbringen. Wir behaupten: .

Die schwierige Situation auf dem heutigen Weiterbildungsmarkt behindert ganz wesentlich ein effektives und umfassendes Bildungscontrolling. Dieses erscheint oft darum so hilflos, weil die einzelnen Maßnahmen verschiedener Institute mit heterogenen Trainingsmethoden nicht »unter einen Hut« zu bringen sind und den vorhandenen Bedarf im Unternehmen nur unzureichend decken. Es ist notwendig, alle Weiterbildungsmaßnahmen in ein einziges methodisches Konzept zu *integrieren*, so dass alle Trainingsmaßnahmen in einem Unternehmen über alle Bereiche und Ebenen hinweg »aus einem Guss« sind. Sie sind methodisch und inhaltlich aufeinander abgestimmt und auf die Bedürfnisse des jeweiligen Unternehmens optimal zugeschnitten.

»Wer den Hafen nicht kennt, zu dem er segeln will,
für den ist kein Wind günstig.«
(Seneca)

Dies setzt voraus, dass die beteiligten Anbieter die Bildungsziele eines Unternehmens nicht nur »aus zweiter Hand« kennen, sondern dass sie aktiv in die Prozesse mit einbezogen werden. Die Weiterbildungsanbieter müssen qualifiziert sein, um effektive, auf das jeweilige Unternehmen zugeschnittene Seminare durchzuführen. Oft ist das Feedback unserer Kunden anders. Beispielsweise setzte ein Anbieter von Outdoor-Seminaren mit Event-Charakter alles daran, trotz einer bevorstehenden Personalreduktion, einem Unternehmen ein Teambuilding-Seminar zu verkaufen. Die Kosten für die Maßnahme betrugen 12.000 Euro, zuzüglich der Kosten für den Produktionsausfall. Es wäre sinnvoller gewesen, dieses Seminar ein Jahr später mit dem neuen Mitarbeiterteam des Unternehmens durchzuführen.

Erfolgskontrolle und Controlling

Im vierten Schritt schließt sich die Erfolgskontrolle beziehungsweise das Controlling an. Unter der Erfolgskontrolle wird im Bereich der Weiterbildung Verschiedenes verstanden. Gemeint sein kann:

• die Durchführung von Lernzielkontrollen direkt nach einem Seminar oder in einem festgelegten Zeitabstand danach,
• der Einsatz von Evaluationsinstrumenten im Anschluss an die Weiterbildungsveranstaltung,
• die Erhebung der Kosten für die Trainingsmaßnahme(n) inklusive Nebenkosten,
• das Erbringen von Nutzennachweisen.

Die Durchführung von Lernzielkontrollen dient der Feststellung, ob und inwieweit die Mitarbeiter die Trainingsinhalte erlernt und verstanden haben und inwieweit sie angewandt werden. Dies kann nach einer Bildungsveranstaltung in Form von Prüfungen und Tests ermittelt werden – allerdings mit der Einschränkung, dass sich zwar die kognitive und die methodische Kompetenz durch »Abfragen« gut überprüfen lassen, Verhaltensänderungen auf der Ebene der sozialen und der emotionalen Kompetenz jedoch viel schwieriger zu erfassen und nachzuweisen sind.

Praxistransfer

Im Rahmen einer repräsentativen Untersuchung (durchgeführt von *Management & Seminar,* zitiert nach Lang, S. 16) wurde ermittelt,»warum es nicht gelingt, Trainingsinhalte in den beruflichen Alltag umzusetzen«, warum es also beim Praxistransfer hapert. Ergebnis war:

- 20 Prozent der Befragten beklagten, dass sie zu wenig Zeit hätten, das Erlernte auszuprobieren,
- 16 Prozent hatten Schwellenangst, sich auf Neues einzulassen,
- Knapp 14 Prozent arbeiteten die Seminarunterlagen nicht nach,
- 13 Prozent hielten die Seminarinhalte für zu praxisfremd und
- knapp 6 Prozent sahen Seminare als »Kurzurlaub« an.

Gerade die Praxisferne vieler Seminare ist ein Kernproblem für den mangelnden Transfer und zieht mehrere der aufgeführten Probleme wie Zeitmangel und Schwellenangst nach sich – ganz zu schweigen davon, dass Seminare im Grunde völlig wirkungslos bleiben, wenn die Inhalte nicht in den beruflichen Alltag integriert werden. Wir behaupten daher:

> Der Praxistransfer des Erlernten darf nicht erst *nach* einer Seminarveranstaltung relevant werden, sondern muss bereits Bestandteil des methodischen Trainingskonzeptes sein. Angestrebte Verhaltensänderungen müssen schon *im* Seminar selbst geübt werden, denn letztlich geht es um die Einstellungsänderung der Teilnehmer. Dies kann durch den konsequenten Einsatz spezieller Trainingsmethoden gewährleistet werden.

Evaluation

Evaluation allgemein bedeutet, dass die Bildungs- und Entwicklungsmaßnahmen bewertet und beurteilt werden. Dazu gibt es verschiedene Instrumente, die zum Einsatz kommen. Direkt im Anschluss an eine Weiterbildungsveranstaltung wird praktisch immer die Zufriedenheit der Teilnehmer abgefragt. Diese von allen Unternehmen praktizierte Form des Controllings ist im Prinzip auch die einfachste. Der Aussagewert dieser als »Happiness-Sheets« bezeichneten Bewertungen ist jedoch nicht allzu hoch. Denn die Zufriedenheit der Mitarbeiter am Ende eines Seminars lässt sich von jedem einigermaßen kompetenten Trainer durch entsprechende gruppendynamische Prozesse steuern, unabhängig davon, ob das Seminar einen Nutzen erbracht hat. Häufig geben auch vordergründige Rahmenbedingungen, wie die Qualität des Hotels und des Essens, den

Ausschlag für eine »gute« Bewertung der Teilnehmer. Wirklich wichtig hingegen ist – und das sollte unserer Ansicht nach bei Bewertungen im Mittelpunkt stehen – ob die *Praxisnähe* des Seminars positiv bewertet wird. Die Teilnehmer sollten den Praxistransfer außerdem mit einer konkreten Zeitlinie versehen.

Die Kostenkontrolle beschränkt sich in der Praxis weitgehend auf die Erhebung der direkten Kosten wie Teilnahmegebühren und Trainerhonorare; indirekte Kosten wie die Kosten für die entgangene Arbeitszeit werden nur in einzelnen Fällen veranschlagt. Alternativkosten für *unterlassene* Weiterbildung werden praktisch von keinem Unternehmen berücksichtigt.

Nutzennachweis

Ein Nachweis des Nutzens erfolgt in einigen Unternehmen durch Befragung der Fachvorgesetzten und zum Teil auch der Teilnehmer am Arbeitsplatz, wobei die Nutzeneinschätzungen in der Regel subjektiv sind. Auf der individuellen Ebene wird der Nutzennachweis für die einzelnen Mitarbeiter durch die jährlichen Personalentwicklungsgespräche geführt. Nach Aussage einiger der befragten Unternehmen erfolgt dieser Nutzennachweis eher »hemdsärmelig«.

In keinem der in der zitierten Untersuchung befragten Unternehmen wurde ein *quantifizierter* Nutzennachweis geführt, der die Kosten der Bildungsmaßnahmen dem erzielten Nutzen messbar gegenüberstellt, so dass der Return-on-Investment klar ablesbar ist. In der Tat ist die systematische Datenerfassung der aufwendigste Prozessschritt, der leider von vielen Unternehmen gemieden wird.

Vorbildlich gehandhabt wird der qualifizierte Nutzennachweis von einem Mobilfunkanbieter: Vor jedem Seminar führen die Teilnehmer mit ihrem Vorgesetzten ein Seminarerwartungsgespräch, in dem beide genau abstimmen, was das Seminar bringen soll. Nach dem Seminar findet ein Transfergespräch statt, in dem der Vorgesetzte den Mitarbeiter unter anderem fragt: »Wie kann ich Sie unterstützen, damit Sie das Gelernte in die Praxis umsetzen?«

4   Operatives und strategisches Controlling

Am Eröffnungstag der Fußball-Weltmeisterschaft 2006 hielt ich vor zirka 100 Teilnehmern aus dem Personalbereich einen Vortrag zum Thema Bildungscontrolling in der Praxis. Zwischen den Teilnehmern entwickelte sich eine Debatte, in der »Theoretiker« und »Praktiker« intensiv um dem richtigen Weg des Bildungscontrollings im Unternehmen rangen.

Ich erläuterte gerade folgende Definition:»Generell ist beim Bildungscontrolling zwischen operativem und strategischem Controlling zu unterscheiden. Das *operative* Controlling zielt darauf ab, die im Betrieb erforderliche Weiterbildung möglichst wirtschaftlich durchzuführen; es gliedert sich in ein Kosten- und ein Effizienzcontrolling. Im Kostencontrolling werden die Bildungskosten mit Hilfe eines Berichtswesens geplant, analysiert und gesteuert.«

Ein Teilnehmer unterbrach mich mit den Worten:»Das ist doch nichts Neues, das finden wir doch in der gesamten Literatur! Ohnehin ist es so nicht praktikabel, sondern wohl eher der Idealzustand, wenn Bildungskosten in den Unternehmen bewusst gesteuert werden.«

»Das Effizienzcontrolling überprüft die Leistungswirksamkeit der Weiterbildungsmaßnahmen, indem es die Variablen im Bildungsprozess steuert und beeinflusst. Im Mittelpunkt steht dabei die Frage: Werden die Dinge richtig getan?«

Bei dieser Frage nickten die Teilnehmer verständnisvoll, zumal bei der anschließenden Diskussion klar wurde, dass sie als Zuständige in ihrem jeweiligen Unternehmen die Frage nicht immer mit Ja beantworten können.

»Das *operative* Controlling spielt überwiegend *während* und *nach* der Durchführung von Bildungsmaßnahmen eine Rolle. Auf der anderen Seite steht das *strategische* Controlling, das die Effektivität der Weiterbildung im Blick hat. Hier geht es um die Zielwirksamkeit von Bildung unter der Fragestellung: Werden die richtigen Dinge getan?« Die nachdenklichen Gesichter verrieten, dass gerade diese Themen brisant sind.

»Aufgabe des strategischen Controllings ist es, nachzuweisen, inwiefern die Bildungsarbeit zum Unternehmenserfolg beiträgt. Daher spielen hier Planungs- und Steuerungsaufgaben *vor* der Durchführung von Bildungsmaßnahmen eine bedeutende Rolle.«

Anschließend ermunterte ich das Auditorium zu einer lebendigen Diskussion über wissenschaftliche Ansätze und deren praktische Erfahrungen, was natürlich kein Widerspruch sein muss. Mit der folgenden Zusammenfassung eröffnete ich die Debatte:

»Ein operatives Controlling, das lediglich vergangenheitsorientiert ›in den Rückspiegel‹ schaut, um quantitativ zu messen, ob bereits durchgeführte Maßnahmen Erfolg hatten, ist zwar unerlässlich, aber im Grunde zweitrangig. Höchste Priorität sollte vielmehr das *strategische* Controlling mit Blick auf die Zukunft haben: Welche Bildungsmaßnahmen tragen proaktiv zur Erreichung der Unternehmensziele bei? Nur mit dem Blick auf die zu erreichenden *zukünftigen* Ziele ist eine erfolgsorientierte Steuerung des betrieblichen Bildungsprozesses möglich.«

> »*Nicht über das Ziel geht man mit sich zu Rate,*
> *sondern einzig über die Wege, die zum Ziele führen.«*
> *(Thomas von Aquin)*

Eine Personalreferentin meldete sich zu Wort: »Das gilt aber nur für den Fall, dass man auch die Chance dazu hat. Wir sind überhaupt nicht in solche Prozesse zur Unternehmenszielfindung eingebunden.« Einige Teilnehmer bestätigten direkt diesen berechtigten Einwand. Die Reaktionen zeigten, wie entscheidend dieses Thema für die Personalverantwortlichen ist.

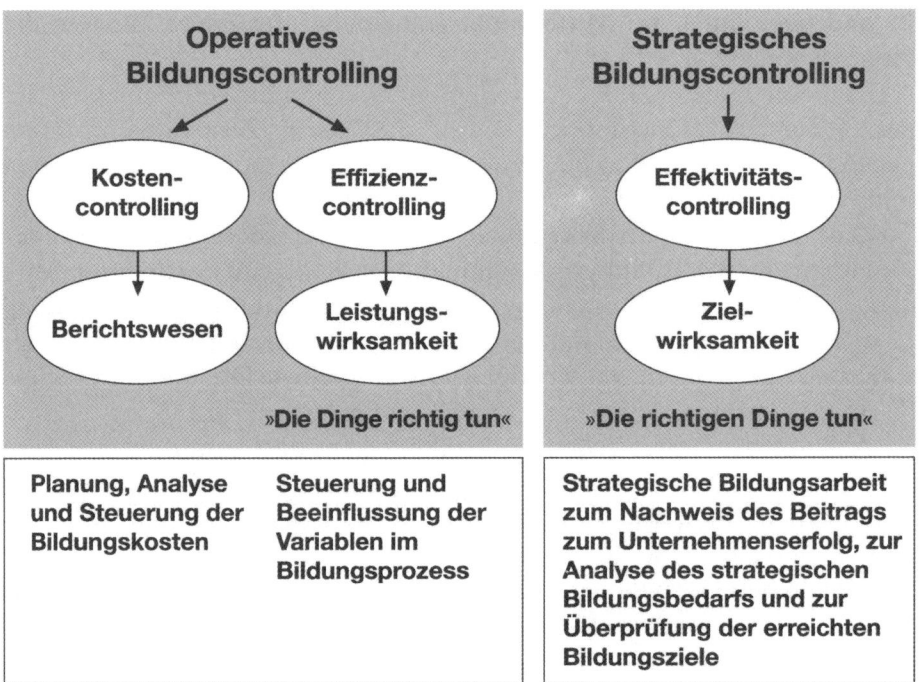

Abbildung 1: Operatives und strategisches Bildungscontrolling

Ökonomisches versus pädagogisches Controlling

»Bildungscontrolling«, so führte ich weiter aus, »hat immer zwei Seiten: eine ökonomische und eine pädagogische. Im Zuge der Bemühungen, die Personal- und Bildungsaufwendungen kostenmäßig zu stabilisieren oder zu senken, wurde in den letzten Jahren der Fokus sehr stark auf die *ökonomische* Seite gelegt. Die Instrumente für ein *quantitatives* – zahlenmäßig erfassbares, messbares – Controlling wurden immer weiter differenziert, wobei gerade die Messung auf metrischem Niveau in den letzten Jahren mit immer neuen ›innovativen‹ Instrumenten verfeinert wurde. Es wurden viele neue Kennzahlen entwickelt, mit denen unter anderem der Return-on-Invest der Weiterbildung berechnet werden soll.«

»Welche Kennzahlen gibt es denn da?«, fragte nun eine Studentin. »Ich schreibe gerade eine Diplomarbeit über Bildungscontrolling und möchte gerne mehr über das Thema Kennzahlen im Bildungsbereich erfahren. Welche Kennzahlen werden denn konkret in Ihren Unternehmen verwendet?«

»Diese ganzen Kennzahlen führen doch nicht weiter!«, wandte darauf ein Personalleiter ein, »denn ihre Anwendung setzt voraus, dass sich die Leistungssteigerungen als Folge der Weiterbildung identifizieren lassen und zudem in Geldeinheiten bewertet werden können.«

Meine Antwort war: »Die Anwendung solcher Kennziffern scheitert aber sehr häufig an ihrer Komplexität. Auch wenn in der Theorie gefordert wird, dass jede Ausbildungsabteilung über ein Kennzahlensystem verfügen sollte, das gegenüber der Unternehmensleitung dokumentiert, dass der Bereich effizient arbeitet und die Mittel gezielt eingesetzt werden. Die Anwendung der Kennzahlen ist Bestandteil des operativen, aber nicht des strategischen Controllings; sie sagen nichts über die Wirksamkeit der Ausbildungsbemühungen aus.«

»Schluss mit der ganzen Debatte!«, rief ein Personalleiter emotional dazwischen. »In drei Stunden ist das Eröffnungsspiel der Fußball-Weltmeisterschaft, und ich möchte keine weiteren Diskussionen über die Theorie des Bildungscontrollings. Kommen Sie mir nicht mit Wissenschaft, sondern erklären Sie mir lieber konkret: Was gibt es außer Fragebögen und Transferanrufen bei Seminarteilnehmern Neues im Bereich Bildungscontrolling?«

Daraufhin erläuterte ich das Bildungscontrolling anhand von Jürgen Klinsmanns Strategie: »Wie hat er es geschafft, die Spieler der Nationalmannschaft zu motivieren? Er hat ihnen die Vision ›Wir werden Weltmeister‹ vermittelt und sie darin trainiert. Er hat den Wert der einzelnen Spieler herausgestellt. Er hat Fußballer in seine Mannschaft aufgenommen, mit denen niemand gerechnet hat und die von anderen Trainern eher kritisch gesehen wurden. Mit anderen Worten: Er hat einen ganzheitlichen Prozess mit der gesamten Mannschaft gestartet und das Augenmerk auf *strategisches* Controlling gelenkt, nämlich auf die Ziele, die die Mannschaft erreichen soll. Und genau darauf kommt es an: bei allen Weiterbildungsmaßnahmen den Blick auf die Ziele und die Vision im Unternehmen zu lenken, die Mitarbeiter zu motivieren und sie genau daraufhin zu trainieren. Das ist der Kern eines ganzheitlichen und integrierten Weiterbildungskonzeptes.«

Es folgten schließlich die konkreten Projektbeschreibungen mit den jeweiligen Evaluationen, die mehrfach in der Praxis in Industrie und Handel umgesetzt wurden.

Die interessanten Beiträge und die unter Legitimationsdruck geratenen Weiterbildungsverantwortlichen haben mich unter anderem motiviert, dieses Buch zu verfassen. Meinen Vortrag beendete ich folgendermaßen: »Lassen Sie uns die Fußballweltmeisterschaft auf dieser Basis verfolgen.« Zum damaligen Zeitpunkt konnte ich noch nicht wissen, dass dieses Beispiel das »Sommermärchen 2006« wurde.

> Um das Qualitätsniveau der Weiterbildung in den Unternehmen anzuheben, macht es keinen Sinn, noch mehr Energie in die *ökonomische* Seite des Bildungscontrollings zu stecken, da die theoretisch entwickelten hochdifferenzierten quantitativen Verfahren als schwer praktikabel vielfach nur rudimentär angewandt werden. Sinnvoller wäre es stattdessen, auf der anderen, bisher vernachlässigten Seite des Bildungscontrollings, nämlich der *pädagogischen,* anzusetzen. Viele Probleme in der betrieblichen Weiterbildung wie auch der Nachweis ihres Nutzens ließen sich durch einen integrierten und ganzheitlichen Trainingsansatz sowie professionelle pädagogische Trainingskonzepte lösen.

5 Integriertes Training im Rahmen eines ganzheitlichen Weiterbildungskonzepts

Bildungscontrolling heute und die Grenzen

Fassen wir noch einmal zusammen: Im Zuge des steigenden Kosten- und Wettbewerbsdrucks in den Unternehmen besteht in den letzten Jahren zunehmend die Notwendigkeit, Bildungsmaßnahmen zu legitimieren, um ihren Nutzen nachzuweisen. Dazu wurde das Bildungscontrolling entwickelt, das im Rahmen eines Prozesses den Bildungszyklus in vier Phasen aufteilt, denen jeweils bestimmte Controllinginstrumente zugeordnet werden. Inzwischen hat sich in der Wissenschaft ein hochdifferenziertes Bildungscontrolling etabliert, welches qualitative und quantitative Methoden, operative und strategische, ökonomische und pädagogische Perspektiven unterscheidet und eine Reihe von Evaluationsinstrumenten zur Messung des Bildungserfolgs entwickelt hat.

Die Praxis in den Unternehmen konnte jedoch mit der theoretischen Entwicklung in vielen Bereichen nicht Schritt halten. Empirische Studien der Anwendung des Bildungscontrollings haben gezeigt, dass vor allem kompliziertere Evaluationsinstrumente gar nicht angewandt werden und man sich häufig auf sehr einfache Instrumente wie das Abfragen der Zufriedenheit der Seminarteilnehmer beschränkt. Insbesondere lässt sich häufig kein Nutzennachweis für durchgeführte Bildungsmaßnahmen führen, zumal es aus der Sicht der Unternehmen den Mitarbeitern oft nicht gelingt, das Erlernte auch im Arbeitsalltag anzuwenden und einzubringen. Der Praxistransfer ist vielfach unzureichend. Nach wie vor steht also die Weiterbildung in den Unternehmen unter Rechtfertigungsdruck. Weil Weiterbildungsmaßnahmen häufig nicht den angestrebten Erfolg bringen und weil die Unternehmen unter Kostendruck stehen, wurden die entsprechenden Etats vielfach eingeschmolzen, obwohl nach wie vor ein sehr hoher Fortbildungsbedarf besteht.

Im Sinne einer *ganzheitlichen* und *integrierten* Weiterbildung haben wir in unserer Arbeit das Augenmerk auf einige Faktoren gelenkt, die bisher anscheinend vernachlässigt worden sind.

- Die Bildungsbedarfsanalyse setzt einen Schritt zu spät an – wie uns viele Personalentwickler bestätigen – und ist punktuell nur auf einzelne Individuen im Unternehmen gerichtet. »Zu spät« heißt, dass der vorausgehende Schritt, nämlich die Ziele, Strategien und Visionen des Unternehmens, in die Bildungsbedarfsanalyse miteinbezogen werden müssten; erst dann erhält die Weiterbildung im Unternehmen einen ganzheitlichen Charakter, da eine sinnvolle Rückkopplung zu den

Unternehmenszielen möglich wäre. Es ist unserer Ansicht nach nicht zielführend, nur einzelne Hierarchieebenen (zum Beispiel Führungskräfte) oder einzelne Bereiche (zum Beispiel Mitarbeiter im Verkauf oder Projektteams) weiterzubilden, wenn dabei die übergeordneten Unternehmensziele und -strategien nicht berücksichtigt werden. Das eigentliche Ziel von Trainingsmaßnahmen ist ein positiver Einfluss auf den Unternehmenserfolg im Ganzen und nicht nur der Ausgleich oder Abbau von Defiziten oder Schwächen der Mitarbeiter. Es sollten alle Mitarbeiter befähigt werden, die im Rahmen der übergeordneten Unternehmensziele gestellten Aufgaben an ihrem Arbeitsplatz optimal zu erfüllen. Mit anderen Worten: Der Bildungsbedarf ist nicht nur eine Frage der Personalentwicklung, sondern in erster Linie der Organisationsentwicklung. Denn Bildung verstehen wir als Beitrag zur Unternehmensentwicklung im Ganzen und nicht nur als Bestandteil der Individualentwicklung einzelner Mitarbeiter. Ein Beispiel dafür, wie erfolgreich Personalentwicklung sein kann, wenn die Organisationsentwicklung im Mittelpunkt steht: Ein Automobilzulieferer führte einen Workshop zur Erarbeitung von Unternehmenszielen durch, an dem alle Abteilungs- und Bereichsleiter beteiligt waren. Die Vorgabe der Geschäftsleitung an das externe Trainerteam lautete: »Sie moderieren den Workshop und beraten uns, welche Weiterbildungsmaßnahmen im Hinblick auf die Ziele durchgeführt werden müssen.« Jeder Abteilungsleiter wurde nach dem Workshop bereichsübergreifend zum Bildungsverantwortlichen. So kam es, dass sich zum Beispiel auch der Leiter der Logistikabteilung nach den Seminaren für die Vorarbeiter aus der Produktion erkundigte und nachfragte, was sie »gebracht hatten«. Jeder war nun daran interessiert, inwieweit die Ziele im Unternehmen auch in den anderen Bereichen erreicht wurden; die üblichen Abteilungsegoismen waren durch die gemeinsame Konzentration auf die Ziele überwunden. Andere Unternehmen verstehen den Zusammenhang zwischen Unternehmenszielen und Weiterbildungsmaßnahmen nicht. So fragte mich einmal eine Personalleiterin in einem Chemieunternehmen erstaunt: »Was haben wir hier in der Personalentwicklung mit den Zielen zu tun? Wir sind ja schon froh, wenn wir unser Weiterbildungsangebot in den nächsten Jahren halten können und nicht reduzieren müssen!« Dass die Ausrichtung der Weiterbildung auf die Ziele gleichzeitig die Sicherung des Weiterbildungsbudgets in der Zukunft bedeutete, war für sie nicht nachvollziehbar. Und sie sah ebenfalls nicht, dass alle Weiterbildungsmaßnahmen für die Mitarbeiter an der Unternehmensentwicklung vollkommen vorbei und damit »ins Leere« gingen. Das strategische Controlling, mit dem sich zukunftsorientiert der Betrieb wie auch das betriebliche Bildungswesen steuern lassen, sollte somit den Vorrang vor dem operativen Controlling haben. Denn das operative Controlling überprüft nur, ob durchgeführte Bildungsmaßnahmen effizient sind; es kann jedoch nicht feststellen, ob die Bildungsmaßnahmen überhaupt sinnvoll und effektiv (= zielführend) sind.

- Methodisch und inhaltlich nicht aufeinander abgestimmte einzelne Bildungsmaßnahmen für verschiedene Mitarbeiter (Ebenen, Bereiche) erschweren erheblich das Controlling, weil sie oft nicht miteinander vergleichbar sind. Hier besteht vor allem das Problem, dass oft unterschiedliche externe Weiterbildungsanbieter mit unterschiedlichen Trainingsmethoden und unterschiedlichem Qualitätsniveau im Unternehmen tätig sind. Das ist keine Kritik an externen Weiterbildungsanbietern; worauf es ankommt, ist, dass die Maßnahmen der Anbieter »gebündelt« werden müssen. Wir haben erlebt, dass in einem mittelständischen Unternehmen jeder Abteilungsleiter für seinen Bereich selbst entschied, welche Trainer er engagierte, während die Personalleiterin keine Mitspracherechte hatte. Die Personalentwicklung hatte in diesem Unternehmen keinen Status. In einem Gespräch mit der Geschäftsleitung wurde schließlich festgelegt, dass die Personalleiterin zukünftig als »positive Wächterin« der Weiterbildungsprozesse fungierte. Anschließend lud der Geschäftsführer alle Abteilungsleiter und Führungskräfte zu einem Personalentwicklungsworkshop ein, bei dem die Weiterbildungsmaßnahmen bereichsübergreifend an die Unternehmensziele angepasst wurden. Die Eigenverantwortung ist dadurch bei den Beteiligten gestiegen.
- Der bei vielen Trainings vermisste Praxistransfer des Erlernten ist ebenfalls auf die Heterogenität der externen Weiterbildungsinstitute und die zum Teil eher standardmäßig gleich ablaufenden Seminare zurückzuführen. Ein integriertes Training, das die Mitarbeiter aller Ebenen und Bereiche im Unternehmen einbezieht und zudem den methodischen Fokus ausschließlich auf die Praxisorientierung legt, schafft hier Abhilfe. Der Transfer des Erlernten ist von Anfang an Bestandteil der Seminare.
- Die Probleme der Weiterbildung und des Bildungscontrollings werden nicht durch die Entwicklung und Einführung immer neuer Kennzahlen oder Kennzahlensysteme gelöst, weil es sich in erster Linie um ein pädagogisches und nicht um ein ökonomisches Problem handelt. Die bereits in den Unternehmen vorhandenen quantitativen und qualitativen Controllingsysteme reichen völlig aus, um nachzuweisen, ob und inwiefern Bildungsmaßnahmen effektiv sind, also einen messbaren Nutzen erbringen. Das integrierte Training im Rahmen eines ganzheitlichen Weiterbildungskonzeptes strebt vor allem eine Verbesserung der pädagogischen Seite des Bildungscontrollings an.

Ganzheitlich und integriert

Ganzheitlich und integriert – das sind die beiden Stichworte, mit denen das in diesem Buch vorgestellte Verfahren zur Weiterbildung charakterisiert wird.

Ganzheitlich heißt: Die Planung und Durchführung der Weiterbildung erfolgt
- individuell zugeschnitten auf die jeweils spezifischen Organisations- und Personalziele des betreffenden Unternehmens (= nach Maß),
- unter Einbindung der gesamten Organisation,
- inklusive der Mitarbeiter sämtlicher Hierarchieebenen und Bereiche,
- nach einem mehrstufigen Konzept.

Integriert heißt: Die Planung und Durchführung der Weiterbildung erfolgt
- aus einer Hand,
- nach einer durchgängigen pädagogischen Methode, bei der Praxisnähe und Teilnehmerorientierung im Mittelpunkt stehen,
- umsetzungsbegleitend, also über den gesamten Zeitraum der betrieblichen Entwicklung bis zur Erreichung der angesteuerten Unternehmensziele.

Die *Prozessbegleitung* verstehen wir als Unterstützung des Organisationsentwicklungs-, des Personalentwicklungs- und des kontinuierlichen Verbesserungsprozesses, und zwar immer in Abhängigkeit von der Ausgangssituation und der Zieldefinition des jeweiligen Unternehmens – das heißt, ausgerichtet am konkreten Bedarf und den berechtigten Erwartungen des Unternehmens.

Diese Form der unternehmerischen Weiterbildung hat einen nachweisbar und erheblich höheren Return-on-Investment als andere Weiterbildungskonzepte, die oft nur »Insellösungen« darstellen. Im zweiten Teil des Buches zeigen wir, dass der Nutzen einer ganzheitlichen und integrierten Weiterbildung messbar höher ist als deren Kosten. Dies lässt sich durch Anwendung einfacher Controllinginstrumente sowohl qualitativ als auch quantitativ belegen. Die folgende Abbildung gibt einen Überblick, welche betrieblichen Kennziffern dabei angewendet werden können.

Abbildung 2: Betriebliche Kennziffern zum Bildungscontrolling

Wir werden Beispiele mittelständischer Unternehmen vorstellen, bei denen sich die Höhe der Einsparungen, die jeweils durch die Trainingsmaßnahmen erzielt wurden, im sechs- bis siebenstelligen Bereich zwischen 0,5 und 1,5 Millionen Euro bewegten. Dabei ergaben sich die Einsparungen unter anderem aus Produktionsverbesserungen (Senken von Fehlerquoten, höhere Produktivität), höherer Mitarbeitermotivation (geringere Ausfallzeiten, niedrigere Krankenstände), besserer Mitarbeiterführung und höheren Gewinnmargen (durch Verbesserung der Kundenkommunikation und des Angebotsspektrums).

Die hohen Einsparungen ermöglichten es, die Weiterbildung im Unternehmen *praktisch zum Nulltarif* auf allen Ebenen durchzuführen und zudem umfassend die Probleme in verschiedenen Unternehmensbereichen (Produktion, Kundenbetreuung, Verkauf et cetera) zu lösen. Wir schlagen ein neues Kapitel im Bildungscontrolling auf und zeigen: Integriertes Training im Rahmen eines ganzheitlichen Weiterbildungskonzeptes hat einen zwingenden Nutzen.

Teil II

Integriertes Training nach Maß – Bausteine der Organisations- und Personalentwicklung

6 Visionen, Werte, Strategien und Ziele entwickeln und verankern

Change-Prozesse im Unternehmen

Unternehmen unterliegen heute mehr und mehr der Notwendigkeit von Veränderungen; die Bedeutung des *Change Managements* hat in den letzten Jahren stark zugenommen. In Anbetracht der Wettbewerbs-, der Markt- und der Kostensituation sind Organisationen gefordert, ihre Leistungen zu steigern: Welche Prozesse in der Wertschöpfungskette lassen sich besser, einfacher, ökonomischer, zeitsparender gestalten? Wo liegen noch unentdeckte Effizienz- und Effektivitätspotenziale, die gehoben werden können?

> *»Unternehmen können nicht immer wieder das Gleiche tun und dann erwarten, dass sich etwas ändert.«*
> *(Quelle unbekannt)*

Oft sind die Potenziale leicht zu erkennen und auszumachen. Sie sind von der Geschäftsleitung bis zu den Mitarbeitern in der Produktion sogar allen bekannt. Dennoch kann ein Change-Management-Prozess nicht gelingen oder in den entscheidenden Bereichen nicht vorankommen. Da ziehen Mitarbeiter oder Führungskräfte bestimmter Ebenen oder Bereiche nicht mit, da werden teilweise Machtkämpfe zwischen einzelnen Ressorts und einzelnen Führungskräften entfacht, da kapseln sich Abteilungen voneinander ab, da kommen »von oben« angesagte Ziele unten an der Basis einfach nicht an oder werden bewusst ignoriert. »Der Veränderungsprozess, der oben noch Leuchtkraft und Klarheit hat, klettert durch die organisatorischen Kamine nach unten und kommt dort rußgeschwärzt und unkenntlich an«, wie es Matthias zur Bonsen einmal formuliert hat (zur Bonsen, Real Time Strategic Management, 2003, S. 15).

Statt zu einer Aufbruchstimmung zu führen, die alle einbindet und begeistert, bleibt der Veränderungsprozess dann irgendwo auf halber Strecke stehen. Es besteht in solchen Fällen im Unternehmen oder in einzelnen betroffenen Bereichen und Ebenen die Tendenz, »Probleme zu lösen« und »Fehler« oder »Konflikte« zu beseitigen – anstatt mit Schwung, Elan und Optimismus neue Ziele zu verwirklichen. Man rennt sich in unergiebigen Details und Kleinigkeiten fest, die nicht funktionieren, pocht auf deren Korrektur und beschuldigt häufig auch andere Abteilungen, Führungskräfte oder Mitarbeiter, dass sie ja die eigentlichen Verursacher der Probleme seien.

Für Externe, die in ein solches Unternehmen hineinkommen, ist dann sofort spürbar: Das Energieniveau im Betrieb oder in einigen Bereichen des Betriebs ist abgesunken und die Weiterentwicklung stagniert; wirklich »bewegt« wird nur noch wenig und von wenigen. Eine problemorientierte Sicht, die den Blick vor allem auf Konflikte, Fehler und nicht Funktionierendes richtet – anstatt auf Ziele, Visionen und Werte – motiviert natürlich niemanden, sondern zieht eher Energien ab. Die Vorstellung einer wünschenswerten Zukunft reduziert sich darauf, dass dann die Probleme verschwunden sind. Schließlich resignieren diejenigen, die den Veränderungsprozess angestrebt oder eingeleitet haben; man tröstet sich damit, dass jeder Change-Prozess eben lange dauere und nicht von heute auf morgen zu bewältigen sei.

> Wir sind der Ansicht, dass es eine Frage der richtigen Methode und nicht der investierten Zeit ist, ob Veränderungsprozesse gelingen. Wird Change Management ganzheitlich angegangen – indem die *gesamte* Organisation in die Erarbeitung von Zielen, Werten und neuen Prozessen eingebunden und die betriebliche Weiterbildung auf die Ziele ausgerichtet wird –, so sind selbst große Veränderungen in kurzer Zeit möglich, wie wir es selbst immer wieder erlebt haben.

Veränderungen von weitreichendem Ausmaß sind sogar dann durchführbar, wenn vorher die Prozesse an vielen Stellen blockiert waren. Voraussetzung dafür ist die Offenheit im Unternehmen für den notwendigen Wandel.

Die Unternehmenskultur – wo sitzen die Stellschrauben für Veränderung?

Jedes Unternehmen hat eine eigene Unternehmenskultur, die sich hinsichtlich ihrer Normen und Werte unterscheidet. Ganzheitliche Organisations- und Personalentwicklung nach Maß beginnt zunächst mit einer intensiven Analyse der Unternehmenskultur. Mithilfe von narrativen Interviews wird durch Befragung von Mitarbeitern *aller* Hierarchieebenen und Bereiche inklusive der gewerblichen Beschäftigten ermittelt, wie das Unternehmen »tickt«. Ein externes Weiterbildungs- oder Beratungsinstitut kann hier unvoreingenommener herangehen als interne Mitarbeiter, argumentieren viele Personalentwickler. In ungezwungenen Vier-Augen-Gesprächen mit Small-Talk-Charakter, die pro Person nur 10 bis 20 Minuten dauern, zeigt sich sehr schnell, wo Potenziale ausgeschöpft werden, wo Change-Management-Prozesse ansetzen können und was sich verbessern lässt. Vor allem lassen sich die entscheidenden Stärken und Schwächen des Unternehmens erkennen und in das spätere Seminardesign integrieren.

Mitarbeiter und Führungskräfte öffnen sich gerne im Interview mit Externen und sind oft sogar erleichtert, wenn sie über drückende Probleme, schwelende Konflikte und Krisenherde reden können: Endlich haben sie Gelegenheit, über das zu reden, was auszusprechen man sich bisher nicht getraut hat. Erstaunlich ist auch, dass es sich oft gar nicht um »Geheimnisse« handelt, sondern alle oder sehr viele Bescheid wissen, wie die Dinge stehen, auch wenn es an der Oberfläche »gedeckelt« wird.

Ein solch »offenes Geheimnis« gab es zum Beispiel in einem mittelständischen Unternehmen mit mehreren Standorten: Als der Geschäftsführer eines Standortes durch seine Beförderung für mehrere Standorte zuständig wurde, behielt er sein Büro in seinem »alten« Werk. Die Mitarbeiter in jenem Werk nutzten ihre Beziehungen zu ihrem ehemaligen Chef aus, um ihren neuen Geschäftsführer in eine bestimmte Richtung zu beeinflussen. Indem sie ihren alten Chef für ihre Zwecke instrumentalisierten, schafften sie es unter anderem, das vom neuen Geschäftsführer geplante Prämiensystem komplett auszuhebeln. Daran zeigt sich: Eine Unternehmenskultur kann sich gravierend verändern, wenn die »inoffizielle« Geschäftsführung bei einer anderen Person liegt als die offizielle.

Häufig stellt sich bei der Analyse der Unternehmenskultur heraus, dass sich hinter der offiziellen eine »inoffizielle« Organisationsstruktur verbirgt, in der in Wahrheit die Fäden gezogen werden und in der sich auch die Verhinderer von Change-Prozessen verbergen. Da werden zum Beispiel Führungskräfte nicht nach objektiven Kriterien beurteilt, sondern Bewertungen und Beförderungen sind durch interne Seilschaften beeinflusst; da lassen Manager Leiharbeiter auf Kosten der Firma an ihrem Privathaus arbeiten, obwohl die Firma finanziell schon angeschlagen ist; oder ein Schichtführer verschafft seinem Bekanntenkreis Anstellungen im Betrieb, obwohl die Qualifikationen der Betreffenden sehr zu wünschen übrig lassen. Die Liste der Beispiele ließe sich hier beliebig verlängern. Durch die intensive Analyse der Unternehmenskultur vor Beginn von Weiterbildungsmaßnahmen können Hinderer und Förderer von Change-Prozessen ausgemacht werden, und zwar durchaus so, dass niemand dabei öffentlich bloßgestellt wird.

»Probleme existieren selten auf der Ebene,
auf der sie zum Ausdruck gebracht werden.«
(Zen-Sprichwort)

Warum ist diese Analyse der Unternehmenskultur notwendig, wenn es letztlich um die Erreichung von bestimmten Zielen geht? Matthias zur Bonsen hat es so ausgedrückt: »Es reicht nicht aus, auf das Dach zu klettern und die Sterne anzuschauen. Man muss auch in den Keller hinabsteigen und die Leichen herausholen« (zur Bonsen, Visionen 2000, S. 4).

> Unternehmensziele können nur dann erreicht werden, wenn sie von einer breiten Mehrheit der Mitarbeiter mitgetragen werden. Change-Prozesse sind nur erfolgreich, wenn alle Betroffenen zu Beteiligten gemacht werden und konstruktiv mitwirken.

Es geht letztlich darum, die Zustimmung *aller* zum Change-Prozess zu erlangen, damit ebendieser schwierige Prozess wirklich gelingt, damit das Unternehmen tatsächlich seine Wettbewerbsposition verbessert und damit spezifische Weiterbildungsmaßnahmen wirklich greifen.

Nach der Analyse der Unternehmenskultur kann dann in Abstimmung mit der Geschäftsleitung erarbeitet werden, wie weiter vorzugehen ist: Gibt es zum Beispiel lediglich einzelne Hinderer oder Blockierer der Unternehmensentwicklung, so müssen deren Motive von internen Verantwortlichen erkannt und ernst genommen werden. Durch Einzelcoachings oder -trainings, die natürlich der Schweigepflicht unterliegen, können die Hinderer häufig zu einer konstruktiven Zusammenarbeit gebracht werden, bevor mit dem Change-Prozess begonnen wird. Damit ist gewährleistet, dass alle Steine für den zukünftigen Erfolg aus dem Weg geräumt sind und aus den Hinderern letztlich Förderer des Prozesses werden. Gibt es – wie es häufig der Fall ist – eine große Anzahl von Skeptikern oder Zögerern, die von der Notwendigkeit der Veränderungen zwar noch nicht ganz überzeugt, aber im Kern bereit sind, konstruktiv mitzumachen – so ist die Zukunftswerkstatt ein geeignetes Instrument, um von allen die Zustimmung für den neuen Weg zu erhalten (mehr dazu im nächsten Kapitel).

Die Erarbeitung von Führungsleitlinien

In einem Unternehmen der Werkzeug- und Maschinenbauindustrie führte die Analyse der Unternehmenskultur zu dem Ergebnis, dass die Führungskultur relativ schwach ausgeprägt war. Die Mitarbeiter waren über einen sehr langen Zeitraum recht »autoritär« geführt worden, was nun in Anbetracht der geplanten Einführung von KVP Probleme erzeugte. Die Mitarbeiter hatten bisher keine Gelegenheit gehabt, sich aktiv und kreativ einzubringen, sollten nun aber in die Lage versetzt werden, an ihrem Arbeitsplatz mitzudenken und eigenständig Verbesserungsmöglichkeiten zu finden wie auch umzusetzen. Damit dies gelingen konnte, wurden im ersten Schritt im Rahmen einer Weiterbildungsmaßnahme Führungsleitlinien entwickelt. Die gesamte Führungscrew wie auch zwei Betriebsräte erarbeiteten in einem eintägigen Workshop eine Antwort auf die zentrale Frage: »Wie wollen wir in Zukunft führen, um das Know-how der Mitarbeiter tatsächlich zu fördern?« Unter anderem wurden folgende fünf Führungsleitlinien schriftlich festgehalten:

Die Führungskraft

- führt Mitarbeiter zu herausragenden Leistungen,
- weist die Richtung und das Ziel,
- handelt planvoll und proaktiv,
- besticht durch ihre Persönlichkeit und
- stellt sicher, dass alle Prozesse gemäß der Anforderung interner beziehungsweise externer Kunden geführt werden.

Jede dieser fünf Leitlinien wurde anschließend vertieft und spezifiziert. Dazu drei Beispiele:

Die Führungskraft führt Mitarbeiter zu herausragenden Leistungen. Das heißt, sie

- führt kooperativ und situationsangemessen,
- gibt Feedback für Mitarbeiter und vereinbart Ziele,
- fordert ausgezeichnete Qualität und Ergebnisse ein,
- lässt Mitarbeiter, wann immer möglich, selbstständig arbeiten,
- motiviert, beurteilt und erkennt Verhalten und Leistungen an,
- nimmt Mitarbeiter ernst und schafft ein Umfeld von Vertrauen, Achtung und Fairness,
- befähigt, entwickelt und fördert Mitarbeiter und setzt sie entsprechend ihrer Fähigkeiten ein.

Die Führungskraft weist die Richtung und das Ziel. Das heißt, sie

- übernimmt Verantwortung,
- schafft die notwendigen Rahmenbedingungen,
- leitet aus der Vision Ziele und Strategien ab,
- erkennt und überwindet Hindernisse.

Die Führungskraft besticht durch ihre Persönlichkeit. Das heißt, sie

- ist selbstsicher, durchsetzungsfähig und belastbar,
- muss Konflikte erkennen, sich ihnen stellen und Lösungsansätze finden,
- hört aktiv zu,
- ist kommunikationsfähig und kann moderieren,
- ist offen für konstruktive Kritik,
- besitzt Menschenkenntnis, Einfühlungsvermögen und integrative Fähigkeiten,
- entwickelt sich weiter,
- denkt und handelt unternehmerisch,
- trifft Entscheidungen, setzt diese konsequent um und handelt souverän und beherrscht.

Die schriftliche Fixierung der Führungsleitlinien allein bewirkt natürlich noch gar nichts, denn Papier ist bekanntlich geduldig. Der Wert besteht darin, dass das Papier von den Führungskräften gemeinsam erarbeitet wurde und alle ihr Commitment dazu gegeben haben. Im nächsten Schritt wurden die Führungskräfte geschult, um Schritt für Schritt vom autoritären zum situativen Führen zu gelangen (siehe Kapitel 14) und damit ihre Führungskompetenz im Sinne der Leitlinien zu erhöhen. Erst nach der Schulung der Führungskräfte war die Basis geschaffen, sich erfolgreich dem kontinuierlichen Verbesserungsprozess im Unternehmen zu widmen und dafür auch die gewerblichen und sonstigen Mitarbeiter entsprechend zu trainieren. Ohne Veränderungen im Führungsverhalten hätten sich die Mitarbeiter nicht getraut, sich in den KVP-Prozess aktiv einzubringen, so dass die KVP-Maßnahmen gescheitert wären.

»Vertrauen erweckt Vertrauen.«
(Quelle unbekannt)

Um etwaigen Missverständnissen vorzubeugen: Es ist natürlich nicht immer so, dass Unternehmenskulturen nur mit Problemen behaftet sind. Natürlich gibt es Unternehmen, die wirklich vorbildlich sind und bei denen die Mitarbeiter gut geführt werden und motiviert sowie konstruktiv mitarbeiten. Auch dies wird die anfängliche Analyse der Kultur zu Tage fördern. Die nächsten Schritte, die Erarbeitung der Vision, der Führungsleitlinien und der Ziele sowie der Strategie, sind dann umso leichter und schneller zu realisieren. In manchen Unternehmen sind bereits Ziele definiert oder sogar von der Zentrale vorgegeben. Auch dort rentiert sich die vorherige Analyse der Unternehmenskultur, um zu erkennen, inwieweit die Ziele von allen mitgetragen werden.

Die Einbindung von Unternehmenszielen und Weiterbildungsmaßnahmen ins Controlling

Immer geht es im Kern darum, vor der Durchführung von Weiterbildungsmaßnahmen – ja sogar vor der Durchführung einer Bildungsbedarfsanalyse – mit den Visionen, Werten Strategien und Zielen gemeinsam eine tragfähige Grundlage zu schaffen, um

1. eine klare Zielrichtung für die Weiterbildung der Mitarbeiter festzulegen und um
2. sinnvoll Controllinginstrumente einsetzen zu können, mit denen sich überprüfen lässt, inwieweit die Seminare und Trainings erfolgreich sind.

Auf diese Weise werden alle Weiterbildungsmaßnahmen »stromlinienförmig« auf die mittel- bis langfristigen Ziele oder Strategien des Unternehmens ausgerichtet, anstatt nur kurzfristig und punktuell Schwächen und Defizite einzelner Mitarbeiter, Ebenen oder Bereiche zu beheben.

Auf der Basis von Visionen, Werten, Strategien und Zielen erfolgt die Weiterbildung im Unternehmen *fokussiert und konzentriert* anstatt divergierend und isoliert. Wie bei einem Magneten werden *sämtliche* Bildungsmaßnahmen in eine *einheitliche*, zuvor festgelegte Richtung gelenkt. Indem alle an einem Strang ziehen, werden die Stärken des Unternehmens *gebündelt* und es wird leichter ein Wettbewerbsvorteil oder ein Kostenvorsprung erreicht. Somit wird die Effektivität der gesamten Organisation erhöht.

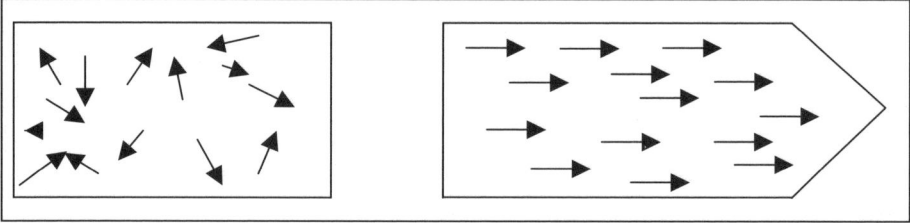

Abbildung 3:   Links: Isolierte Weiterbildung mit Einzelmaßnahmen für unterschiedliche Unternehmensbereiche und -ebenen – Rechts: Fokussierte Weiterbildung im Unternehmen, ausgerichtet auf ein Ziel

Unterbleibt hingegen die vorherige Festlegung von Zielen, so läuft die gesamte Weiterbildung im Unternehmen nur »nebenher«, denn es fehlt der *Transmissionsriemen*, der die Seminare und Trainings mit den unternehmerischen Zielen verbindet. In gewisser Weise bekommt Weiterbildung dann den Charakter eines »beliebigen Angebots«, und ihre Wirksamkeit ist nur schwer überprüfbar, weil es an messbaren Kriterien fehlt.

Die Anwendung der Controllinginstrumente ergibt sich aus den *gesetzten Zielen* des Unternehmens: Hat sich das Unternehmen zum Beispiel zum Ziel gesetzt, die *Kundenzufriedenheit* zu erhöhen, so bieten sich die in der folgenden Tabelle dargestellten Kennzahlen an, wobei hier jeweils unterschiedliche Perspektiven möglich sind. Der jeweilige Ist-Wert lässt sich ebenso wie der Soll- oder Zielwert prozentual oder auch in anderer Form, beispielsweise in Euro, festlegen. In der Tabelle sind folgende Werte eines Einzelhändlers als Beispiel angegeben.

Ziel: Erhöhung der Kundenzufriedenheit			
Perspektive	**Kennzahl**	**Ist-Wert**	**Zielwert**
Termintreue Verkauf und Service	Anteil termingerecht durchgeführter Arbeitsaufträge	‹ 10 %	› 20 %
Neukundenanteil	Gewinnung von Neukunden in einem festgelegten Zeitraum	‹ 5 %	› 15 %
Stammkundenanteil	Anteil der Kunden, die in einem festgelegten Zeitraum mehrfach kaufen	‹ 15 %	› 50 %

Besteht das Ziel beispielsweise darin, die *Herstellungsprozesse* in einem Produktionsunternehmen zu optimieren, so könnten die Kennzahlen folgendermaßen aussehen:

Ziel: Optimierung von Prozessen			
Perspektive	**Kennzahl**	**Ist-Wert**	**Zielwert**
Werkstattdurchläufe	Anteil an Arbeitsaufträgen, gemessen an Durchlaufzeiten	> 20 %	< 10 %
Quality Check	Ergebnisse der Checks/ Verbesserungsquote	< 5 %	> 15 %
Reklamationsquote	Anteil der Reklamationen an der Gesamtmenge der Reparaturaufträge	> 50 %	< 15 %

Ist es erklärtes Ziel, die *Mitarbeiter* aktiver in die Unternehmensabläufe zu integrieren, so könnten die Perspektiven und Kennzahlen folgendermaßen lauten:

Ziel: Mitarbeiter als Hauptressource			
Perspektive	**Kennzahl**	**Ist-Wert**	**Zielwert**
Mitarbeiterzufriedenheit	Zufriedenheitsindex: Indikator für die Qualität der Führung	< 1,5	> 3,0
Innovationsverhalten	Zahl der qualifizierten Verbesserungsvorschläge pro Mitarbeiter im Jahr	< 5	> 15
Kundennähe	Anzahl der qualifizierten Kundenkontakte pro Mitarbeiter und Jahr	< 60	> 100

Sind die Zielwerte festgelegt, so ist im Anschluss die Frage zu beantworten: *Was muss von jedem einzelnen Mitarbeiter, jeder Führungskraft, jedem Bereich und jeder Ebene im Unternehmen geleistet werden, um diese konkreten Ziele zu erreichen?* Die Beantwortung dieser Frage ist der Schlüssel zur Bildungsbedarfsanalyse, die den Rahmen für die Durchführung der anschließenden Weiterbildung absteckt.

Anhand der Ist- und der Soll-Werte lässt sich *nach* Durchführung der Weiterbildungsmaßnahmen dann eindeutig messbar belegen, inwieweit die gesetzten Unternehmensziele erreicht wurden. Gleichzeitig lässt sich feststellen, ob und inwieweit die Weiterbildung im Unternehmen erfolgreich war und einen zwingenden Nutzen erbracht hat. Somit steht auch das Bildungscontrolling auf soliden Füßen, ohne sich in wenig überprüfbaren Einzelverbesserungen bei einzelnen Mitarbeitern oder Führungskräften zu verlieren. Werden die Soll-Werte erreicht, so finanzieren sich die Weiterbildungsmaßnahmen selbst, weil der Return-on-Investment deutlich höher ist als die Kosten für die Seminare, Trainings und Coachings; natürlich muss dies beweisbar sein.

In einem Unternehmen erlebten wir, dass der Qualitätssicherungsleiter behauptete, die Qualitätsparameter hätten sich durch Einführung des neuen Qualitätssicherungssystems verbessert, nicht jedoch durch die gleichzeitig durchgeführten Qualitätssicherungsseminare. Der Personalleiter wiederum führte die Verbesserung auf die Seminare zurück, nicht jedoch auf das neue Qualitätssicherungssystem. Wer von beiden lag nun richtig? Die Zusammenhänge konnten durch Interviews mit den Seminarteilnehmern beziehungsweise den Mitarbeitern geklärt werden. Im konkreten Fall gaben die Mitarbeiter auf die Frage »Wodurch hat sich Ihrer Meinung nach die Qualität verbessert?« zur Antwort: »Es lag an den Qualitätsschulungen.« Letztlich geht es natürlich nicht darum, ob der Qualitätssicherungs- oder der Personalleiter Recht hatte, sondern darum, dass auch die Personalentwicklung mit den Fachseminaren eine pädagogische Verantwortung für das Gelingen des Prozesses trug.

In einem Einzelhandelsunternehmen behauptete der Geschäftsführer, die erzielten Optimierungen seien darauf zurückzuführen, dass sich die Konkurrenz verschlechtert und gleichzeitig die Branchensituation verbessert habe; sie hätten aber nichts mit den durchgeführten Seminaren zu tun. Auch in diesem Fall wurden die Mitarbeiter befragt, worauf die Verbesserungen zurückzuführen seien. Wiederum bestätigten sie, ausschlaggebend für die Optimierungen seien die Schulungen der Personalentwicklung gewesen.

Werte- und Unternehmensentwicklung eines Leuchtenherstellers

Die Geschäftsführung eines Leuchtenherstellers erarbeitete in einem hierarchieübergreifenden Workshop gemeinsam mit den Führungskräften aus der mittleren Ebene und einem externen Weiterbildungsinstitut die Unternehmenswerte, die als Basis der weiteren Geschäftsentwicklung dienen sollten. Zehn Werte wurden gemeinsam festgelegt:

1. Unternehmertum	6. Integrität
2. Kooperation	7. Vorbild
3. Umsetzung	8. Gerechtigkeit
4. Leistung	9. Kundenorientierung
5. KVP	10. Teamgeist

Diese Werte wurden in Form einer Brücke anschaulich visualisiert (siehe Abbildung 4), womit sie von den Mitarbeitern leichter behalten und verstanden werden konnten. Allen wurde klar: »Über diese Brücke wollen wir gehen in Richtung größere Kundenzufriedenheit.«

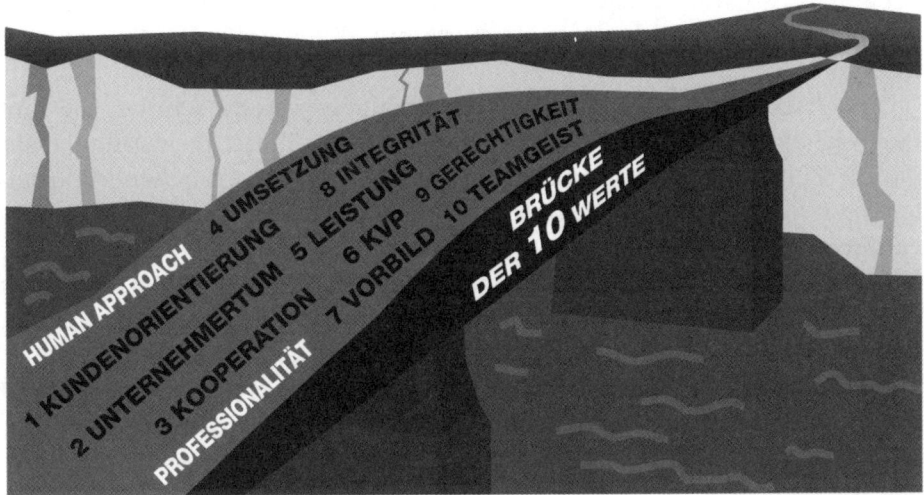

Abbildung 4: Die Werte-Brücke des Leuchtenherstellers

Im nächsten Schritt ging es darum, für die Werte eine breite Akzeptanz im Unternehmen herzustellen, damit sie von allen unterstützt wurden. In einem groß angelegten Workshop, einer Zukunftswerkstatt, wurden die Werte Repräsentanten aus allen Unternehmensbereichen inklusive dem Betriebsrat nahe gebracht, und es wurde gemeinsam in Form von Ansätzen und Methoden erarbeitet, auf welche Weise die Werte mit dem Ziel, die Kundenzufriedenheit zu erhöhen, umgesetzt werden konnten. Die Veranstaltung hatte für alle Beteiligten einen hohen Erlebnischarakter: In Form von Sketchen präsentierten verschiedene Mitarbeitergruppen, wie sie sich die Umsetzung der Werte vorstellten. Auch Sketche mit negativem Tenor wurden gespielt; sie zeigten anschaulich, was passiert, wenn es dem Unternehmen nicht gelingt, die Kundenzufriedenheit zu erhöhen.

Die Erarbeitung der Methoden für die Umsetzung der Werte war die Basis für die Entwicklung eines *Beurteilungssystems* für die Mitarbeiter und damit der Kern der Bildungsbedarfsanalyse: Jeder einzelne Mitarbeiter konnte aufgrund jedes einzelnen Wertes beurteilt werden, der durch konkrete Aussagenformulierungen messbar gemacht wurde. Dies führte beim Leuchtenhersteller zugleich zur Einführung von Mitarbeiterjahresgesprächen.

Für die gewerblichen Mitarbeiter der Produktion wurde separat ein zweites, vereinfachtes Beurteilungssystem entwickelt, in dem die zehn Werte so formuliert wurden, dass ihre unmittelbare Nähe zu den Tätigkeiten am Arbeitsplatz evident war. Der Wert »Integrität« für einen gewerblichen Mitarbeiter kann zum Beispiel durch eine simple Frage wie »Was bedeutet das Unternehmen für Sie/dich?«, der Wert »Leistung« durch die Frage »Was hat die Maschinenleistung mit Ihnen/dir zu tun?« ermittelt werden.

Erst nach der Entwicklung des Beurteilungssystems wurden die umfangreichen Weiterbildungsmaßnahmen durchgeführt. Es wurden nicht nur die Führungskräfte geschult, sondern auch die gewerblichen Mitarbeiter. Sie lernten, unternehmerisch zu denken und KVP-Maßnahmen durchzuführen (siehe Kapitel 10). Im nächsten Schritt wurden Meister und Vorarbeiter darin geschult, selbstständig den kontinuierlichen Verbesserungsprozess in der Produktion zu moderieren. So machte sich das externe Weiterbildungsinstitut nach und nach entbehrlich, weil die Mitarbeiter im Sinne der Werte »Unternehmertum«, »Kooperation«, »Umsetzung« und »Leistung« schrittweise in die Lage versetzt wurden, in Zukunft *eigenständig* und ohne Anleitung durch Externe Produktionsprozesse kontinuierlich zu verbessern.

Die Reduzierung des Ausschusses – eine wichtige Perspektive des Ziels »Kundenorientierung« – konnte durch die Weiterbildungsmaßnahmen erreicht werden. Der Return-on-Investment war sehr viel höher als zunächst geplant und betrug ein Mehrfaches der Kosten. Nach den von der Personalabteilung ermittelten Kennzahlen betrugen die gesamten Weiterbildungskosten inklusive Nebenkosten (Raummiete, Catering et cetera) lediglich ein Drittel der jährlich (!) erzielten Einsparungen in der Produktion. Damit hatte sich das integrierte und ganzheitliche Training für das Unternehmen in hohem Maße gelohnt.

Visionen beflügeln

Warum Veränderungsprozesse oft scheitern

Schauen wir uns das obige Beispiel des Leuchtenherstellers an, so scheint es sowohl einfach als auch in einem angemessenen Zeitrahmen machbar zu sein, Veränderungsprozesse zu initiieren und erfolgreich durchzuführen. Und doch wissen wir aus Erfahrung, wie schwer es oft ist. Wie kommt es, dass das Change Management häufig scheitert? Welche Gründe stehen dahinter?

Wir haben beobachtet, dass in vielen Unternehmen ein ingenieurmäßiges, beinahe technokratisches Verständnis von »Veränderungen« vorherrscht. Man nimmt im Management häufig Folgendes an:

1. Der Change-Prozess wird von der Geschäftsleitung geplant,
2. er verläuft geradlinig und ohne Unterbrechungen,
3. er ist logisch,
4. er wird von allen Mitarbeitern unterstützt,
5. er ist vorhersehbar und lässt sich in vollem Umfang planen,
6. Komplikationen (Widerstände, fehlende Akzeptanz, Boykott) treten erst gar nicht auf,
7. der Prozess verläuft zügig innerhalb einer vorgegebenen Zeitleiste, und zwar mit kontinuierlich ansteigendem Erfolg.

Genau so arbeiten Maschinen – aber so verhalten sich keine Menschen. Prozesse, die mit Menschen zu tun haben, lassen sich nur höchst selten so geradlinig planen und durchführen, weil es hier nicht nur um die Sachebene, sondern wesentlich auch um *Emotionen* geht. Die Forderung nach Veränderungen und das Setzen neuer Ziele in einem festgelegten Rahmen erleben viele Mitarbeiter zunächst einmal wie einen Sprung ins Leere. Das macht sie streckenweise rat- und hilflos.

Mitarbeiter, die vor Veränderungen gestellt sind, durchleben Ängste, Unsicherheiten, Zweifel, Zögern, Widerstände, Skepsis und fühlen sich – zumindest vorübergehend – überfordert. Sie brauchen den Lernprozess, um sich den neuen Anforderungen schrittweise gewachsen zu zeigen; dafür benötigen sie integrierte Maßnahmen. Wird man den Emotionen der Mitarbeiter nicht gerecht und übergeht sie, so wird der Change-Prozess über kurz oder lang ausgebremst oder unterlaufen, und die Ziele werden nicht erreicht.

*»Nicht jene, die streiten, sind zu fürchten,
sondern jene, die ausweichen.«
(Marie von Ebner-Eschenbach)*

Gerade am Anfang eines Change-Prozesses ist es wichtig, alle Mitarbeiter einzubinden und ihren Emotionen Raum zu geben. Im Einzelfall muss man jeweils gut unterscheiden, ob es um echte Befürchtungen der Mitarbeiter und Führungskräfte geht oder um »Maschen«, das heißt, ob die Betreffenden nicht wirklich dagegen sind, sondern nur so tun als ob, zum Beispiel weil sie sich prinzipiell gegen Neues sträuben oder einfach nur unbequem sein wollen. Werden die Emotionen nicht weiter beachtet – indem man sich auf die Sachebene darauf beschränkt, was wann von wem und wie zu tun ist – so suchen sie sich meist dort einen Kanal, wo sie nicht erwünscht sind. Das »informelle« System dient in solchen Fällen als Ventil: Die Gerüchteküche brodelt, man schimpft in der Kantine, man verschafft sich hinterrücks Luft über unliebsame Vorgesetzte und Kollegen – schlimmstenfalls wird die gesamte Kommunikation im Unternehmen von der formellen auf die informelle Ebene verschoben, und es etabliert sich eine geheime Organisationsstruktur hinter dem offiziellen Organigramm. Nach und nach wird so der mögliche Erfolg eines Change-Prozesses ausgehebelt.

Um Mitarbeiter in einen Veränderungsprozess einzubinden, ist es wichtig,

- von allen Betroffenen die ausdrückliche *Zustimmung* zur geplanten Veränderung zu bekommen und
- neben Zielen und Strategien auch *Werte oder Visionen* zu entwickeln, und zwar gemeinsam mit allen Mitarbeitern.

Ein Kraftfeld für Ziele aufbauen

Selbst wenn Strategien und Ziele im Unternehmen existieren beziehungsweise schon entwickelt wurden, ist es nötig, zusätzlich Werte oder Visionen gemeinsam zu erarbeiten. Warum? Strategien und Ziele sind logisch, (zweck-)rational, nüchtern und werden – nach dem gängigen Modell der Gehirnforschung – vor allem in der linken Hemisphäre, also kognitiv, verarbeitet. Sie appellieren an den Kopf, aber nicht ans Herz. Ziele klingen oft nach Mühsal und Anstrengung, oft auch nach zusätzlicher Arbeit, obwohl doch heute alle Mitarbeiter an ihren Arbeitsplätzen bereits stark beansprucht sind und daher keine Zusatzaufgaben mehr bewältigen können oder wollen. Wen motiviert es, wenn er dann auch noch die »Ausschussquote um x Prozent senken«, die »Kundenzufriedenheit um x Prozent erhöhen«, die »Wettbewerbsfähigkeit verbessern« oder gar »den Umsatz steigern« soll? Motivierend sind die Ziele dann, wenn sie auf Werten und Visionen basieren oder von ihnen abgeleitet sind.

Eine Unternehmensvision ist ein *lebendiges Vorstellungsbild* davon, wie das Unternehmen in Zukunft sein soll. Sie beschreibt das Ideal und das höchste Potenzial, das in der Organisation steckt und füllt es mit Leben und mit Begeisterung. Die Vision zeigt, wie das Unternehmen von seiner Umwelt wahrgenommen werden will, welchen Nutzen es schaffen möchte und in welcher Weise es herausragend und einzigartig ist. Eine Vision ist eine Vorstellung des Zustandes, den das Unternehmen erschaffen möchte, nicht jedoch des Weges dorthin.

> »*Vision ist die Kunst, unsichtbare Dinge zu sehen.*«
> *(Quelle unbekannt)*

Eine Vision wird nicht gemacht, und sie wird erst recht nicht von der Geschäftsleitung verkündet oder einfach nach unten »verkauft« und durchgesetzt. Eine Vision wird vielmehr von den Mitarbeitern im Team gemeinsam entdeckt und mit Leben gefüllt. Je mehr Führungskräfte und Mitarbeiter an der Visionsentwicklung und den vorbereitenden Schritten beteiligt werden, desto größer ist die Identifikation mit der Vision und desto mehr Kreativität fließt in sie ein. Meist ist die Vision schon im Unternehmen vorhanden, muss aber noch allen bewusst gemacht, formuliert und mit Energie aufgeladen werden. Dabei kann die Geschäftsführung ihre Vision als Einstieg oder Basis für den Prozess präsentieren.

Visionen lassen sich durch gemeinsame Erlebnisse aller Beteiligten mit Leben erfüllen: durch Rollenspiele, Sketche, musikalische Darbietungen, andere Methoden einer kreativen Pädagogik (siehe Kapitel 9) und durch anschauliche Visualisierung. So inspirieren und vitalisieren sie alle Beteiligten und erzeugen »Lust auf die gemeinsame Zukunft«.

Es entsteht ein Kraft- und Energiefeld, das alle in einen unwiderstehlichen »Sog« zieht und damit auch die eher nüchternen und rational wirkenden Ziele – als Meilensteine zur Realisierung der Vision – mitträgt.

Unterschiede zwischen Vision und Ziel	
Vision	**Ziel**
Ganzheitliches Bild der Zukunft	Einzelne(r) Aspekt(e) der Zukunft
Idealvorstellung	Planvorstellung

Lebendiges geistiges Bild	Abstrakte, logisch-rationale Aussage über eine erwünschte Zukunft
Wirkt motivierend, inspirierend und begeisternd auf die Mitarbeiter	Wirkt neutral, kann (über)fordern oder teilweise sogar die Mitarbeiter abschrecken
Enthält kaum Zahlen	Enthält konkret messbare und nachprüfbare Kriterien
Hat einen unbestimmten zeitlichen Rahmen	Hat einen festgelegten Zeitrahmen und eine Deadline
Wird gemeinsam entwickelt und entdeckt	Wird gesetzt, meist von der Geschäftsführungsebene

Dieses Energiefeld der gemeinsamen Vision, das im Unternehmen von allen Mitarbeitern aufgebaut wird, trägt dazu bei, dass den schwierigen Zielen und den damit verbundenen, manchmal schmerzhaften Veränderungen ihr Schrecken genommen wird. Plötzlich erscheint es leicht, die Ziele zu erreichen, weil das Energieniveau nun entsprechend angehoben ist und man nicht mehr auf die »Lösung von Problemen« fokussiert ist, sondern auf die Verwirklichung einer großartigen Idee. Es entsteht ein Wir-Gefühl: Alle Mitarbeiter merken, dass ihre Wünsche und Ideale auch von den Kollegen geteilt werden, und fühlen sich als Team.

> Visionsgeleitete Organisationsentwicklung ist die geeignete Methode, um ein Unternehmen auf die Zukunft auszurichten, nachhaltige Veränderungen in Gang zu setzen und eine höhere Ebene der Leistungsfähigkeit zu erreichen.

Vision eines Automobilzulieferers

Ein Automobilzulieferer erarbeitete eine Vision in einem Team, das aus Repräsentanten des ganzen Unternehmens bestand: Zwei Manager, zwei Teamleiter aus der Produktion, ein Schichtleiter, drei Angestellte, drei gewerbliche Mitarbeiter und drei Betriebsräte beteiligten sich daran. Die Vision besteht aus acht Kernsätzen:

1. Wir sind ein *kundenorientiertes Unternehmen* mit dem Hauptziel, ständig einen Schritt vor unseren Wettbewerbern zu sein.

2. Wir betrachten den *Menschen* mit seinen Fähigkeiten als ausschlaggebend für unseren Unternehmenserfolg.
3. Wir gehen *kooperativ* miteinander um und pflegen eine *offene Kommunikation*.
4. Wir setzen uns *Ziele*, machen sie messbar und erreichen sie.
5. Wir arbeiten ständig an der *Verbesserung* aller *Standards*.
6. Wir streben *null Fehler* in allen Bereichen an.
7. Wir stellen uns der *ökologischen Verantwortung*.
8. Wir sind in unseren *Leistungen* unschlagbar.

Jeder Kernsatz wurde durch ergänzende Aussagen konkretisiert. Die Kernaussage »kooperative/offene Kommunikation« wurde zum Beispiel mit folgenden Stichworten erklärt:

- Partnerschaftlicher Umgang
- Jeder ist informiert
- Teamgespräche
- Feedback in alle Richtungen
- Anerkennung von Leistungen und Ideen
- Aus- und Weiterbildung
- Aufstiegsmöglichkeiten
- Wir-Gefühl

Die Vision wurde mit einer Visualisierung der für die Automobilindustrie produzierten Produkte übersichtlich auf ein großes Plakat gedruckt, das an zentralen Stellen im Unternehmen gut sichtbar aushängt. Es gab für alle Führungskräfte und Mitarbeiter sogenannte »Visions-Workshops«: Die Vision wurde allen Mitarbeitern vorgestellt und durch Übungen, Filme und Diskussionen transparent gemacht. Die Mitarbeiter fertigten in verschiedenen Gruppen eine Reihe von Bildern an, wie im Unternehmen die Vision lebendig werden kann. In den 35 Bildern, die die Personalentwicklung erhielt, waren die Stärken und Schwächen des Unternehmens sichtbar, so dass sich wertvolle Ansatzpunkte für die Weiterbildungsmaßnahmen ergaben. Das Unternehmen ist in wenigen Jahren innerhalb des Konzerns, zu dem es gehört, zum Marktführer in Deutschland aufgestiegen; dies lag natürlich nicht nur an der Vision, sondern daran, dass sie auch konsequent angestrebt wurde (siehe Kapitel 8).

Werte

Ähnlich wie für Visionen gilt für Werte: Auch sie können beflügelnd wirken, wenn sie nicht einfach rational beschrieben werden (mit abstrakten Begriffen wie »Kundenorientierung«, »Service«, »Effizienz«), sondern hohe menschliche Werte ansprechen. Ein Beispiel dafür sind die zehn Werte des Leuchtenherstellers, die bereits in diesem Kapitel vorgestellt wurden.

Visionen und Werte sind die »Leitplanken« oder die »tragenden Säulen« für die Ziele und Strategien. Werden Visionen und Werte unter aktiver Beteiligung aller Mitarbeiter erarbeitet, so ist gewährleistet, dass sich auch alle dafür engagieren und mögliche »Durststrecken« durchhalten. Zudem helfen sie, Widerstände in den eigenen Reihen zu überwinden.

Alle Mitarbeiter in den Veränderungsprozess einbeziehen

Der Sinn und Zweck, Mitarbeiter in die Entwicklung der Visionen und Werte einzubeziehen besteht darin, ihre *Zustimmung* zum kommenden Veränderungsprozess – insbesondere zu den eher realistischen Zielen und Strategien – zu erlangen und ihre Leistungsbereitschaft entsprechend zu erhöhen. Die Schwierigkeit liegt darin, die *gesamte* Belegschaft so einzubinden, dass sie aktiv mitwirkt. Die Bereitschaft zum Mitmachen muss regelrecht geweckt werden. Denn gerade die Mitarbeiter sind es, die unmittelbar an ihrem Arbeitsplatz um die eigentlichen Verbesserungsmöglichkeiten wissen – die die Komfortzonen, die Blindleistungen, die Vergeudung von Geld, Material und Zeit, die versteckten Potenziale wie auch die ungenutzten Stärken – bestens kennen. Sie wissen einerseits, was sich wie verbessern lässt und können »vor Ort« unmittelbar daran mitwirken, andererseits aber auch die Umsetzung komplett verhindern. Werden sie nicht für den Veränderungsprozess gewonnen, so schleicht sich leicht ein Klima stiller Opposition und schleichender Resignation ein, das lähmend wirkt und die Zielerreichung in Frage stellt.

Es ist unbedingt erforderlich, die Mitarbeiter aller Ebenen und Bereiche in den Veränderungsprozess einzubinden, ihnen Ziele und Strategien nahe zu bringen und Visionen oder Werte mit ihnen gemeinsam zu erarbeiten. Nur so kann der Funke überspringen, und nur so wird das Change Management von allen mitgetragen, ohne dass Blockaden und Hinderer, Missverständnisse und Meinungsverschiedenheiten den Erfolg aushebeln.

Dazu ein Beispiel: Der Vizepräsident eines Unternehmens lädt alle acht Wochen Angestellte und Arbeiter zu einem Arbeitsdinner ein, an dem Führungskräfte nicht teilnehmen. Damit überspringt er fünf bis sechs Hierarchieebenen, und zwar nicht, um die Führungkräfte auszuschließen, sondern um Informationen anders als üblich zu steuern. Oft leitet er das Dinner mit der Frage ein: »Wenn Sie Chef wären, was würden Sie anders machen?« Auf diese Weise erhält der Vizepräsident von den Mitarbeitern ein direktes Feedback über die derzeitige Unternehmenskultur und kann Veränderungsprozesse leichter steuern.

Damit die Einbeziehung der Mitarbeiter in einen Change-Prozess gelingt, müssen folgende Voraussetzungen erfüllt sein:

- Es muss der Wunsch zu einem *echten Dialog* mit den Mitarbeitern bestehen.
- Es muss *Vertrauen* geweckt, aufgebaut und erhalten werden.
- Die Mitarbeiter sollten in ihrer jeweiligen *Sprache* angesprochen werden, damit die Ziele für alle verständlich herüberkommen.
- Insbesondere bei einer großen Belegschaft müssen geeignete und gut organisierte *Veranstaltungen* durchgeführt werden, um alle Mitarbeiter zu erreichen und mit ihnen in den Dialog zu treten.

Kommunikation ist etwas anderes als Information. Häufig wird beides miteinander verwechselt, und man glaubt in der Geschäftsleitung, wenn man die Mitarbeiter über die Ziele nur hinreichend informiert habe, dann habe man damit auch bereits ihre Zustimmung erlangt. Das ist jedoch nicht der Fall. Während die Information bekanntermaßen eine Einbahnstraße ist, auf der eine Botschaft einfach von einer Ebene zur nächsten transportiert wird, ist die Kommunikation ein wechselseitiger Prozess, eben ein Dialog. Kommuniziert wird immer auf zwei Ebenen: der Sachebene und der emotionalen Ebene. Die Kommunikation räumt im Gegensatz zur Information gerade der emotionalen Seite den notwendigen Raum ein und hilft den Betroffenen, die an sie gestellten Anforderungen gefühlsmäßig zu verarbeiten. Die Mitarbeiter können ihren Zweifeln, Bedenken, Widerständen und so weiter Raum geben und die Meinungen der Kollegen anhören und berücksichtigen. Geäußerte Vorbehalte sind meist weder böswillig noch leiten sie sich »objektiv« aus den zu erreichenden Zielen ab. Vielmehr entspringen sie subjektiven Gegebenheiten wie Gefühlen der Bedrohung von Ansprüchen, Verlustängsten (Verlust liebgewordener Gewohnheiten, eingeschliffener Arbeitsabläufe wie auch schlimmstenfalls des Arbeitsplatzes) oder der Angst vor dem Neuen, Unbekannten. Vielfach hilft es schon, sich mit den Kollegen im Rahmen einer Veranstaltung offen austauschen zu können, um diese Gefühle positiv zu verarbeiten; genau das hat der im obigen Beispiel genannte Vizepräsident erkannt und entsprechend umgesetzt.

Die Kommunikation ist dann gelungen, wenn alle an diesem Prozess Beteiligten eine gemeinsame Grundlage, Überzeugung oder Anschauung – zum Beispiel eine Vision – geschaffen haben. In diesem Fall ist das nötige Fundament für die weiteren Veränderungen gelegt. Dieser gruppendynamische Prozess verläuft nicht immer geradlinig, sondern ist manchmal unvorhersehbar. Er lässt sich aber durch geeignete pädagogische Maßnahmen unter Einbeziehung der Kreativität der Mitarbeiter in eine positive Richtung steuern. Für uns immer wieder überraschend ist, wie kreativ die Beteiligten in solchen Situationen werden können, wie sie mit einfachsten Mitteln ihrer Vorstellung von einer erstrebenswerten Zukunft Ausdruck verleihen, und zwar auf allen Ebenen.

Die Qualität dieses Prozesses entscheidet mit darüber, ob und inwieweit der Change-Prozess gelingt und die Ziele erreicht werden. Das Management und die mittlere Führungsebene sollten diese Phase nach besten Kräften unterstützen und Optimismus wecken, allerdings auf keinen Fall Negatives abblocken. Sofern die erforderliche Offenheit der Geschäftsleitung vorhanden ist, kann der ablaufenden Dynamik der notwendige Raum gegeben werden.

Vertrauen basiert auf der Erwartung, dass nicht über die Köpfe und Bedürfnisse der Beteiligten hinweggegangen wird, sondern alle einbezogen werden. Vertrauen entsteht auch dadurch, dass – wie zu Anfang des Kapitels erwähnt – die »Leichen im Keller« beseitigt werden, bevor der Prozess überhaupt beginnt, dass also kontraproduktiv wirkende Mitarbeiter oder Führungskräfte in sozialer und kommunikativer Kompetenz geschult, gegebenenfalls auch – falls integrierte Maßnahmen wie Coachings et cetera erfolglos bleiben – ausgewechselt werden.

Um die Mitarbeiter jeweils da abzuholen, wo sie stehen, sollte ihre Sprache gesprochen werden. Das heißt, mit Führungskräften sollte anders kommuniziert werden als mit Mitarbeitern in der Verwaltung und mit diesen wiederum anders als mit gewerblichen Mitarbeitern der Produktion. Es wäre falsch, im Kommunikationsprozess bestimmte Hierarchieebenen auszuklammern und beispielsweise die Fließbandarbeiter auszusparen – wie es häufig geschieht – nur weil sie abstraktem Denken möglicherweise weniger zugänglich sind. Mit Hilfe geeigneter pädagogischer Methoden ist es möglich, auch ihnen kompliziertere Sachverhalte so praxisnah zu erklären, dass sie sie ebenfalls verstehen und umsetzen können.

»Man muss etwas Neues machen, um etwas Neues zu sehen.«
(Georg Christoph Lichtenberg)

Insbesondere in großen Unternehmen mit Belegschaften von weit über 500 Mitarbeitern erscheint es schwierig, im Sinne einer ganzheitlichen Organisationsentwicklung alle Mitarbeiter einzubinden. Wie sollen alle informiert, noch schwieriger: wie soll mit allen kommuniziert, wie ihr Commitment eingeholt werden? Es gibt einen Typus von Veranstaltungen, der es erlaubt, bis zu 400 Personen an nur einem einzigen Tag den Veränderungsprozess zu erläutern und ihr Commitment dafür zu gewinnen: die *Zukunftswerkstatt.* Zudem ist es mit Hilfe der Zukunftswerkstatt möglich, die erforderliche »kritische Masse« an Befürwortern für ein Change-Projekt zu gewinnen und damit Gegnern den Wind aus den Segeln zu nehmen. Die Zukunftswerkstatt wird im folgenden Kapitel vorgestellt.

7 Die Zukunftswerkstatt – so gelingen Change-Prozesse auch bei großen Belegschaften

»Ich, Du, Wir – gemeinsam schaffen wir es«

Am Sonntagvormittag um Punkt 9 Uhr öffneten sich die Pforten zum großen Versammlungssaal des überregionalen Bürgerzentrums. Begleitet von fröhlicher und aufpowernder Musik strömten 310 Mitarbeiter eines nahe gelegenen Elektronikfachhandels zugleich in den Saal. Sie verteilten sich erst einmal zwanglos über die rund 25 Sitzgruppen, die so angeordnet waren, dass jeweils zirka zehn bis zwölf Mitarbeiter im Kreis um einen Tisch herum sitzen konnten. Fröhlich plaudernd gesellte man sich zu den Kollegen, mit denen man am Arbeitsplatz zusammenarbeitet. Da saßen Verkäufer neben Verkäufern, Techniker neben Technikern, und auch die Geschäftsleitung war aktiv beteiligt.

Alle Mitarbeiter waren auf diesen Tag sehr gespannt. Von insgesamt 320 Mitarbeitern des Unternehmens waren bis auf zehn, die durch dringende private Verpflichtungen oder Krankheit verhindert waren, auf besondere Einladung der Geschäftsleitung alle gekommen – völlig freiwillig und außerhalb der regulären Arbeitszeit am Wochenende.

Dem Elektronikfachhandel standen in naher Zukunft große Veränderungen bevor: Der Familienbetrieb war vor über 40 Jahren gegründet worden. Der Gründer war selbst gelernter Radio- und Fernsehtechniker und hatte schon als kleiner Junge an alten Röhrenradios herumgeschraubt. Durch den Radio- und Fernsehboom der sechziger und siebziger Jahre wuchs das kleine Geschäft für Radio- und Fernsehtechnik immer weiter und es wurden zusätzliche Kräfte eingestellt. Als der Laden aus allen Nähten platzte, zog der Betrieb 1976 in eine ehemalige Fabrik um. Im Laufe der Jahre wurde das Geschäft auf über 20.000 Quadratmeter erweitert, davon 4.500 Quadratmeter Verkaufsfläche. Die GmbH ist mit sieben Filialen inzwischen einer der größten Elektronikfachmärkte ihrer Region.

Erst vor kurzem war das Unternehmen Partner eines der führenden Elektronikmärkte Deutschlands geworden, einem Verbund von rechtlich selbstständigen Fachhändlern. Der inzwischen »legendäre« Firmengründer hatte die Geschäftsführung schon seit einigen Jahren auf mehrere Schultern verteilt, und zwar auf seinen Sohn, seine Tochter und einen weiteren Geschäftsführer, der als einziger Externer nicht zur Familie gehörte. Auch in Zukunft sollte das Unternehmen familiengeführt bleiben. Die Logos des Unternehmens und der Elektronikfachmärkte zieren nun gleichzeitig alle Filialen.

Für die Mitarbeiter war die Situation, nun zu einem noch größeren Verbund zu »gehören«, erst einmal neu, so dass für sie viele unausgesprochene Fragen im Raum standen: Wie wird es weitergehen? Wie soll sich die Zukunft gestalten? Wie soll sich das Unternehmen neben den vielen Billigmärkten mit den »Geiz ist geil«- und »Wir sind ja nicht blöd«-Slogans behaupten? Was können wir tun?

Nachdem die Mitarbeiter Platz genommen hatten, kamen sämtliche Mitglieder der Geschäftsführung, auch der Firmengründer mit Sohn und Tochter, aufs Podium, begrüßten die Teilnehmer und stellten das externe Moderatorenteam vor, das diesen Tag gestalten würde. Die vollständige Anwesenheit der Geschäftsleitungsebene betonte die Bedeutung, die diesem Tag beigemessen wurde. Die Moderatoren stellten sich der Reihe nach ebenfalls vor. Ziel des Tages war es, die Belegschaft dafür zu begeistern, eine Million Kunden zu gewinnen.

Der Auftakt

Zuerst wurde den Mitarbeitern auf einer großen Leinwand ein Film von der Vision des Unternehmens vorgespielt. In dem Film, der etwa 10 Minuten dauerte, wurden in motivierender Form das Unternehmen und seine Produkte mit musikalischer Hintergrundbegleitung dargestellt. Fast wie in einem Science-Fiction-Film wurde gezeigt, wie sich die vielfältigen Elektronikprodukte durch das Universum bewegten; dazwischen waren vertraute Bilder aus den Filialen zu sehen. »Wir begeistern mehr als eine Million Kunden mit unseren Leistungen«, so hieß es im Film, »das sind 3.200 Kunden pro Tag.«

Als der Film zu Ende war, wurde er mit Applaus von allen Anwesenden belohnt. Erst jetzt erfuhren die Mitarbeiter von den Moderatoren der Veranstaltung, dass der Film nicht etwa von einer Werbeagentur produziert worden war, sondern von einem ihrer Arbeitskollegen in Absprache mit der Geschäftsleitung! Der Film war so professionell in der Bild- und Tongestaltung, dass er mit Fernsehproduktionen hätte mithalten können. Der Arbeitskollege hatte als echter Elektronikfachmann großes Können im Umgang mit der Software bewiesen, denn er hatte einzelne, von ihm selbst aufgenommene Bild- und Tonsequenzen am PC so geschickt zusammengefügt und ergänzt, dass sie ein harmonisches Ganzes bildeten. Nachdem der Film ein zweites Mal gezeigt worden war, damit er von allen Anwesenden vollständiger aufgenommen und behalten werden konnte, wurde der visionäre Film wiederum mit großem Applaus belohnt; der Kollege, der den Film produziert hatte, erhielt einen Extra-Applaus. Die mehrfach wiederholte Kernbotschaft im Film »Ich, Du, Wir – gemeinsam schaffen wir es« war bei allen angekommen und wurde von allen unterstützt.

Die erste Arbeitsaufgabe – Intensivierung der Kommunikation

In dieser energiegeladenen Atmosphäre erhielten die Teilnehmer ihre erste Arbeitsaufgabe. Sie fanden an ihren bisherigen Sitzplätzen jeweils Moderationskarten vor, auf deren Rückseite Teilsätze beziehungsweise einzelne Wörter und Formulierungen standen. Die Aufgabe bestand darin, ihre Teilsätze jeweils zu ganzen Sätzen zusammenzufügen. Dazu mussten sie jeweils diejenigen Kollegen im Saal ausfindig machen, die die anderen zu ihrem Teilsatz passenden Satzelemente auf ihren Karten besaßen. Diese Aufgabe nahm bei 310 Mitarbeitern nur 30 Minuten in Anspruch.

Der Sinn bestand darin, die von den Teilnehmern zunächst selbst gewählte Sitzordnung zu verändern, um damit auch festgefahrene, informelle Kommunikationsstrukturen aufzulösen und zugleich neue Gesprächsmöglichkeiten und -anlässe zu schaffen. Denn fast immer setzen sich die Teilnehmer in solchen Situationen neben diejenigen Arbeitskollegen, die sie gut kennen, mit denen sie eventuell sogar befreundet sind und mit denen sie im Betrieb ohnehin täglich zu tun haben. Um die Kreativität der Gruppe zu erhöhen, ist es sinnvoll, sich auch einmal mit Kollegen auszutauschen, mit denen man sonst wenig bis gar nichts zu tun hat, und deren Perspektiven kennenzulernen.

> Eine bewusst veränderte Sitzordnung in Kleingruppen, in der Hierarchie- und Abteilungsgrenzen aufgehoben sind, fördert das Miteinander, weil der Einzelne dadurch auch die Kollegen und deren Arbeitsbereiche besser kennen- und verstehen lernt. Zudem werden Kommunikationsgrenzen überwunden, indem bisher bestehende informelle Informationskanäle, gegebenenfalls auch bestehende Seilschaften, aufgebrochen werden.

Die Suche nach den richtigen Satzelementen zum eigenen Teilsatz gestaltete sich spielerisch und unkonventionell. Alle Mitarbeiter, auch die Mitglieder der Geschäftsführung, beteiligten sich daran. Als alle Teilnehmer ihre Sätze zusammengefügt hatten, war eine völlig neue Sitzordnung an den rund 25 Tischen entstanden. Jetzt saßen Verkäufer nicht mehr neben Verkäufern, Verwaltungssachbearbeiter nicht mehr neben Verwaltungssachbearbeitern und Techniker nicht mehr neben Technikern, sondern alle Ebenen und Bereiche waren jeweils an jedem Tisch vertreten. Zwischen den Teilnehmern saßen zwanglos an einzelnen Tischen auch die Mitglieder der Geschäftsführung, denn es geht bei solchen Veranstaltungen ganz wesentlich darum, die üblichen hierarchischen Grenzen zu überwinden. Nun standen die Kleingruppen für die nächste Arbeitsphase fest.

Ein Mitglied jeder Gruppe trug den jeweils zusammengesetzten Satz im Plenum vor. Es handelte sich um Aussagen wie:

- »Glaube an deine Stärke und setze sie richtig ein.«
- »Nur gemeinsam können wir das Ziel erreichen.«
- »Durch außergewöhnliche Kraft Außergewöhnliches erreichen.«
- »Wer glaubt, ganz oben zu sein, ist schon auf dem Weg nach unten.« Und viele mehr.

Kreative Suche nach Lösungen

In den Kleingruppen erhielten die Teilnehmer an den Tischen unterschiedliche Aufgaben. Um diese kreativ und spielerisch zu bearbeiten, standen ihnen Moderationskarten in diversen Formen und Farben, Stifte, Scheren, Klebstoff und Pinnwände zur Verfügung, um ihre erarbeiteten Ergebnisse anschließend dort anzuheften. In regen Diskussionen bearbeiteten die Teilnehmer an den Tischen jeweils Fragen wie beispielsweise:

- »Was müssen wir tun, um jedem Kunden eine Freude zu bereiten?«
- »Was müssen wir tun, damit Arbeit Spaß macht?«
- »Was verbindet ein Kunde mit dem Namen unseres Unternehmens und was soll er in Zukunft damit verbinden?«
- »Warum soll der Kunde gerade bei uns kaufen?«
- »Welche Arbeitsabläufe beeinflussen in meinem Arbeitsbereich den Erfolg und wo ist meine Verantwortung?«
- »Was begeistert mich als Kunden?«
- »Was müssen wir tun, damit der Kunde unsere Produkte als wertig erlebt?«
- »Wie sieht der Elektronikmarkt der Zukunft aus?«
- »Was erwarte ich von meiner Führungskraft und wie möchte ich geführt werden?«

Außerdem wurden einige typische Fragen gestellt, die sich auf den Status des Bildungscontrollings bezogen:

- »Welche Weiterbildung brauchen wir, um die zukünftigen Anforderungen zu bestehen?«
- »Wie und woran messen wir unseren Erfolg?«
- »An welchen Zahlen merken wir, dass wir in der Zukunft erfolgreich sind?«

Bewusst wurden auch negative Fragen an die Kleingruppen gestellt:

- »Was muss ich tun, um meinen Job im Unternehmen zu gefährden, und was muss die Führung tun, um Mitarbeiter zu demotivieren?«
- »Was müssen wir tun, damit der Kunde nicht mehr zu uns kommt?«

Die Gruppen erhielten die Anweisung, ihre erarbeiteten Ergebnisse anschließend im Plenum noch nicht zu verraten und komplett vorzustellen, sondern stattdessen die Kollegen nur »verkäuferisch« so neugierig zu machen, dass sie an die Pinnwand kamen. Auf diese Weise wurde gleich ansatzweise die alltagstypische Verkaufssituation im Fachhandel geübt. An den Pinnwänden trug dann das gesamte Team einer Sitzgruppe mit verteilten Rollen die erarbeiteten Ergebnisse vor. Erstaunlich war, wie viel Kreativität dabei in den »bunt zusammengewürfelten« Gruppen frei wurde: Manche spielten kleine Szenen, in denen dargestellt wurde, wie Mitarbeiter mit Kunden umgingen; andere führten Pantomimen vor, wieder andere formulierten ihre Ergebnisse in Form von Gedichten. Die Teilnehmer hatten Gelegenheit, im Laufe von zwei Stunden die Präsentationen aller übrigen Kollegen an den Pinnwänden mitzuverfolgen.

Motivierender Abschluss

Die letzte Arbeitsaufgabe bestand darin, eine lange Kette aus einzelnen Papiergliedern zu kleben, wobei jeder Teilnehmer ein Kettenglied erhielt und es in der Reihe an das Glied eines Kollegen ankleben musste, bis die Kette vollständig war und geschlossen werden konnte. Symbolisch wurde damit gezeigt: Jeder ist Teil des Ganzen. Wenn in der Kette ein Glied ausfällt oder zerbricht, kann sie nicht mehr geschlossen werden, denn jede Kette ist nur so stark wie ihr schwächstes Glied. Jeder trägt demnach auch die Verantwortung, in seinem Arbeitsbereich das Bestmögliche zu geben. Zum Abschluss wurde den Teilnehmern noch einmal der Visionsfilm gezeigt, so dass alle mit der motivierenden und die Teamarbeit fördernden Erkenntnis »Ich, Du, Wir – gemeinsam schaffen wir es« nach Hause fuhren.

»Träume nicht dein Leben, lebe deine Träume.«
(Quelle unbekannt)

Die Nachbearbeitung

Die Zukunftswerkstatt war der Auftakt zu den anschließenden Weiterbildungsmaßnahmen im Unternehmen. Dazu war es erforderlich, dass das Trainerteam, das die Veranstaltung moderiert hatte und die Seminare durchführen würde, die an den Pinnwänden dokumentierten Ergebnisse mit Unterstützung der Geschäftsleitung systematisch auswertete und sie anschließend in ein Trainingsprogramm pädagogisch »übersetzte«. Die Gruppenergebnisse lieferten dazu aufschlussreiche Aussagen. Insbesondere Kernaussagen, die sich wiederholen, lassen Rückschlüsse darauf zu, was Mitarbeiter als Defizite und Schwächen, aber auch als Stärken empfinden. Zum Beispiel zeigen über die Pinnwände verteilte Sätze und Begriffe wie die folgenden, dass die Mitarbeiter den Kundenservice für stark verbesserungsfähig halten:

- »Ich möchte als Kunde nicht von einem zum anderen geschickt werden«,
- »Bildschirme möchte ich sehen, Lautsprecher möchte ich hören«,
- »informative Beratung«,
- »Freundlichkeit«,
- »Vorsicht, freilaufender Kunde! Wenn einer kommt, sofort weglaufen oder verkriechen!«,
- »Kunden schnell und kompetent bedienen«,
- »kompetente Beratung und Service«.

Darin ist bereits ansatzweise erkennbar, dass spezifische Trainingsmaßnahmen für Verkäufer sinnvoll sind.

> Die spielerische Bearbeitung der gestellten Aufgaben macht Schwächen und Defizite im Unternehmen auf positive und zum Teil humorvolle Art und Weise offenbar, ohne dass es dabei zu den sonst in Betrieben üblichen Reibereien, Streitereien und Schuldzuweisungen kommt, die meist nur belastend wirken und Energien abziehen.

Bei solchen Veranstaltungen ist es gar nicht selten, dass die Mitarbeiter ihre Weiterbildung selbst einfordern. So fanden sich auch auf den Pinnwänden Forderungen wie: »regelmäßige Mitarbeiterschulungen« und »mehr geschultes Personal«. Sehr häufig ist es so, dass die Teilnehmer bei einer Zukunftswerkstatt selbst erkennen: »Wenn wir bestimmte Ziele erreichen sollen, dann brauchen wir Schulungen, durch die wir unsere Fähigkeiten und Kenntnisse entsprechend erweitern können.«

Weiterbildungsmaßnahmen werden von den Mitarbeitern eher anerkannt und akzeptiert, wenn sie zuvor von ihnen selbst eingefordert
worden sind, anstatt »von oben« vorgegeben zu werden. Auch dies ist
einer der positiven Effekte der Zukunftswerkstatt.

Es ist überflüssig zu betonen, dass der Lernerfolg solcher *von den
Mitarbeitern selbst geforderten* Weiterbildungsmaßnahmen erheblich höher ist, als wenn die Mitarbeiter nur von ihrem Vorgesetzten zu einem
Training »geschickt« werden. Häufig sagt dann der Vorgesetzte noch, dies
geschehe, damit der Mitarbeiter seine »Schwächen abbaue«. Niemanden
motiviert es, seine vermeintlichen Schwächen zu korrigieren, aber alle im
Unternehmen motiviert es, gemeinsam im Team die Stärken weiter
auszubauen! Dieser positive Fokus beflügelt den Erfolg der Weiterbildung.

Sinn und Design der Zukunftswerkstatt

Die Zukunftswerkstatt ist eine Großgruppenveranstaltung, die mit Gruppen von 30 bis maximal 400 Teilnehmern durchgeführt werden kann. Von
daher ist sie besonders geeignet, die Belegschaften mittelständischer und
großer Unternehmen für Visionen, Werte, Ziele und Strategien eines
Unternehmens zu gewinnen und zu begeistern.

Um Veränderungsimpulse in einer Organisation zu implementieren, ist
– wie bereits im letzten Kapitel angedeutet – das *interne Marketing*
besonders wichtig. Der klassische rein hierarchische Weg der Informati-
onsweitergabe von oben nach unten hat sich vielfach als untauglich
erwiesen, weil sich selbst bei gutem Willen aller Beteiligten der emotionale
Bezug zum geplanten Veränderungsprozess nicht recht herstellen lässt und
dann meist früher oder später der »Stille-Post«-Effekt auftritt: »Unten«
kommt etwas ganz anderes an, als von »oben« durchgegeben wurde. Von
der Dringlichkeit der Veränderung, die die Führungsspitze des Unternehmens empfindet, ist zwei Etagen darunter dann nichts mehr zu spüren.

Die Mitarbeiter fühlen sich unzureichend informiert, so dass »Flur-
funk« und »Gerüchteküche« solide Kommunikation, gemeinsame Ent-
scheidungsfindung und Teambildung ersetzen, bis schließlich die Hinderer
und Blockierer des Prozesses die Überhand gewinnen und alles lahm
legen. Bei Entscheidungsfindungen hingegen selbst dabei gewesen zu sein,
die Diskussionen live miterlebt und mitgestaltet zu haben und dazu sogar
mit Spaß und Humor an Aufgaben kreativ mitgearbeitet zu haben, verleiht
dem Veränderungsprozess von Anfang an eine ganz andere Dimension

und eine viel höhere Qualität von Verständnis, Akzeptanz und Glaubwürdigkeit. Positive Energie wird freigesetzt, wenn zuversichtliche Zukunftsbilder in den Köpfen entstehen und die Wünsche und Bedürfnisse des Einzelnen dabei ihren Platz einnehmen dürfen.

Unterschiede zwischen durchschnittlichen Großveranstaltungen und der Zukunftswerkstatt

Dieser positive Effekt ist jedoch nicht automatisch mit einer Großveranstaltung gegeben. Es ist vielmehr die Frage, wie diese Veranstaltung geplant und durchgeführt wird. Die *Zukunftswerkstatt,* gelegentlich auch als »Zukunftskonferenz« bezeichnet, hat ein ganz bestimmtes Design, dass sich von herkömmlichen Großveranstaltungen stark unterscheidet.

Wenn Teilnehmer von »herkömmlichen« Großveranstaltungen erzählen, so berichten sie, dass diese meistens einen recht starren Ablauf und ein streng festgelegtes, sehr kontrolliertes Design aufweisen. Die Sitze sind in Reihen angeordnet, wobei alle den Blick nach vorne zum Podium gerichtet haben (Kinobestuhlung). Es wird sofort klar: Da vorne »spielt die Musik«. Es geht vor allem darum, was auf der Bühne geschieht – um die Vorträge, Präsentationen und so weiter, die auf dem Podium gehalten werden. Die übrigen Teilnehmer sind nur passives Publikum, das bestenfalls mit Applaus reagieren kann, das aber keine Möglichkeit hat, sich untereinander darüber auszutauschen, was vorne geschieht. Die Interventionsmöglichkeiten des Einzelnen sind meist auf das Fragenstellen beschränkt, wobei es für die Vortragenden nicht schwierig ist, unliebsame Fragen zu übergehen oder sie ausweichend zu beantworten.

Unterstrichen wird diese Atmosphäre oft noch dadurch, dass die Bühne in helles Licht getaucht ist, während das Publikum im Dunkeln sitzt und sich die Teilnehmer noch nicht einmal gegenseitig sehen können. Umso intensiver und lebendiger sind dann häufig die Pausengespräche, denn diese sind die einzige Gelegenheit für die Teilnehmer, das Gehörte und Gesehene emotional zu verarbeiten. Da den Empfindungen des Einzelnen in der Veranstaltung selbst kein Raum gegeben wird, brodeln in den Pausen dann die Gerüchteküche und der Tratsch. So können sich – oft unbemerkt von den Veranstaltern auf der Bühne – schnell informelle Kanäle und Seilschaften herausbilden, die letztlich blockierend wirken.

Ganz anders ist es bei der Zukunftswerkstatt: Das Geschehen auf dem Podium nimmt nur wenig Raum ein; im Prinzip dient die Bühne dazu, kurze Erklärungen zu geben, Arbeitsaufgaben zu moderieren und gegebenenfalls Arbeitsergebnisse im Plenum vorzustellen. Zentral ist jedoch das, was in den einzelnen Gruppen während der gesamten Veranstaltung geschieht. Um die Kommunikation anzuregen, sitzen die Teilnehmer in überschaubaren Kleingruppen zusammen und haben so die Gelegenheit, miteinander zu sprechen. Die Beleuchtung ist so gewählt, dass alle im Tageslicht sitzen oder, falls das nicht möglich ist, zumindest der Raum gleichmäßig beleuchtet ist.

Die folgende Tabelle gibt eine Übersicht über die wesentlichen Unterschiede zwischen der Zukunftswerkstatt und herkömmlichen Großveranstaltungen.

Unterschiede	
Konventionelle Großveranstaltung	**Zukunftswerkstatt**
Es gibt ein detailliert geplantes und zeitlich festgelegtes Programm, das straff durchgezogen wird. Das Ende ist zeitlich terminiert.	Das Programm ist zwar geplant, aber die Zeitdauer einzelner Programmpunkte kann in Abhängigkeit von den gruppendynamischen Prozessen schwanken. Es bleibt Raum für Unvorhergesehenes.
Die Verantwortung für das Gelingen liegt allein bei den Veranstaltern.	Die Verantwortung liegt bei allen Teilnehmern zugleich.
Die Veranstaltung ist gelungen, wenn die Referenten ihren jeweiligen Part präsentiert, die Teilnehmer applaudiert haben und mögliche »Störenfriede« erfolgreich ausgeschaltet werden konnten.	Die Veranstaltung ist gelungen, wenn die kreativen Kräfte der Teilnehmer zur konstruktiven Bearbeitung von Aufgaben freigesetzt werden konnten und ein gemeinsamer Konsens über die Zukunft entstanden ist.
Die Experten auf dem Podium müssen als »Autoritäten« auf alles eine Antwort wissen. Sie müssen Sicherheit vermitteln und dürfen keine Zweifel aufkommen lassen.	Die Experten sind die Teilnehmer selbst. Fehlendes Wissen können sie bei anwesenden Kollegen einholen, Unsicherheiten und Zweifel dürfen geäußert werden.

Die Referate, Vorträge und Präsentationen bewegen sich ausschließlich auf der kognitiven und sachlichen Ebene. Persönliche Themen und Emotionales werden vermieden.	Die Beiträge aller Teilnehmer beziehen neben der kognitiven auch die emotionale Ebene ein. Dabei können persönliche Themen bearbeitet werden.
Die Bühnentechnik ist professionell: Es geht darum, dass Power-Point-Präsentationen, Beamereinsatz, Videos usw. einwandfrei funktionieren.	Die Technik ist zweitrangig. Wichtiger sind das gemeinsame Beisammensein und die Teamarbeit.
Den Teilnehmern wird »etwas geboten«, sie sind dabei passiv.	Die Teilnehmer bearbeiten selbst-gesteuert Aufgaben, sie sind aktiv.
Die Teilnehmer erhalten keinerlei Arbeitswerkzeuge.	Den Teilnehmern stehen alle Werkzeuge zur Verfügung, die sie für eine kreative Arbeit benötigen.
Die Teilnehmer werden nicht nach ihren Vorstellungen gefragt, sondern es werden Ziele, Meinungen usw. vorgegeben.	Die Vorstellungen der Teilnehmer sind zentral für die Veranstaltung. Es geht darum, wie ihre Vorstellungen mit den Zielen in Einklang zu bringen sind.
Komplexe Sachverhalte werden auf einfache Botschaften für jedermann reduziert, damit mögliche Schwierig-keiten nicht thematisiert werden müssen.	Komplexe Sachverhalte bleiben komplex. Ihrer Vielschichtigkeit wird in der Gruppenarbeit Rechnung getragen.

Die Zukunftswerkstatt hat gegenüber herkömmlichen Großveranstaltun-gen durch ihr andersartiges Design verschiedene Vorteile:

- Sie erhöht die Akzeptanz für Veränderungsprozesse,
- sie erreicht viele Mitarbeiter gleichzeitig,
- sie durchbricht übliche Informations- und Kommunikationsmuster,
- sie ermöglicht ein motivierendes Gemeinschaftserlebnis,
- sie erzeugt bei Gelingen eine Resonanz in der gesamten Organisation,

- sie bringt in der Organisation implizit vorhandenes Wissen des Einzelnen an die Oberfläche, so dass die Stellhebel für Veränderungen offensichtlich werden,
- sie schafft Vertrauen und Bewusstsein für die eigenen Werte,
- sie vitalisiert, motiviert, weckt Begeisterung und erzeugt eine Aufbruchstimmung bei den Mitarbeitern,
- sie erzeugt eine lang anhaltende Erinnerung an ein besonderes Erlebnis, das die Mitarbeiter zusammenschweißt.

»Furcht und Mut stecken an.«
(Quelle unbekannt)

Das Besondere daran ist: Um all dies zu bewirken, bedarf es nicht mehr als des gesunden Menschenverstandes. Die Zukunftswerkstatt baut auf dem Wissen und den Fähigkeiten auf, die die Teilnehmer bereits mitbringen. Ein zusätzliches oder vorheriges Training, eine Beratung oder dergleichen sind nicht erforderlich. Die Veranstaltung funktioniert vor allem dadurch, dass strukturelle Barrieren entfernt werden, die den Einzelnen davon abhalten, seine Bedürfnisse und Wünsche wahrzunehmen und zu äußern, Verantwortung zu übernehmen und zu handeln. In diesem Sinne sind Zukunftskonferenzen einfach, aber nicht leicht. Es kann manchmal harte Arbeit sein, alle Mitarbeiter an einem bestimmten Tag zusammenkommen zu lassen, zumal wenn es um einen Termin außerhalb der regulären Arbeitszeit geht. Manchmal nimmt dies mehr Zeit in Anspruch als die gesamte Zukunftswerkstatt selbst.

Anwendungsmöglichkeiten

In Change-Management-Prozessen ist die Zukunftswerkstatt ein *Arbeitsinstrument,* das eingesetzt werden kann, um

- Mitarbeiter für Strategien und Ziele zu gewinnen,
- Mitarbeiter für eine Vision zu gewinnen,
- Mitarbeiter eine gemeinsame Vision oder gemeinsame Werte finden und erarbeiten zu lassen,
- eine Fusion zum Erfolg zu führen (und dabei eine Sieger-Verlierer-Mentalität zu vermeiden),
- KVP-Prozesse zu initiieren (Kick-Off-Veranstaltung) (siehe Kapitel 10),
- Organisationsstrukturen zu verändern und
- größere Projekte, die stecken geblieben sind, wiederzubeleben.

Ablauf der Zukunftswerkstatt

Die Zukunftswerkstatt folgt in ihrem Ablauf meist fünf Schritten (nach zur Bonsen):

1. Rückschau in die Vergangenheit: Wo kommen wir her?
2. Untersuchung des Umfeldes: Welche heutigen Trends und Ereignisse prägen unsere Zukunft?
3. Betrachtung der eigenen Organisation: Worauf sind wir stolz, was bedauern wir?
4. Entwicklung von Vision/Werten: Was wollen wir gemeinsam erschaffen?
5. Ableitung von Maßnahmen: Was sollten wir jetzt tun?

Ist es während der Zukunftswerkstatt nicht möglich, Maßnahmen zu beschließen – zum Beispiel weil dies wie im Fall des Elektronikfachmarkts den zeitlichen Rahmen sprengen oder die Aufmerksamkeit der Teilnehmer am Ende eines langen Tages überfordern würde – so sollte dies zeitlich in kurzem Abstand nach der Veranstaltung erfolgen, gegebenenfalls im Rahmen eines kleineren und hierarchieübergreifenden Workshops mit einer repräsentativen Auswahl von Mitabeitern, die an der Zukunftswerkstatt teilgenommen haben. In diesem Rahmen kann zum Beispiel eine erarbeitete Vision oder ein Leitbild ausformuliert und mit konkreten Maßnahmen untermauert werden. Diese Maßnahmen sind dann Teil des integrierten Weiterbildungskonzeptes.

Das methodische und pädagogische Design

Pädagogisch ist es wichtig, dass die Zukunftswerkstatt viele *Live-Erlebniselemente* enthält wie Sketche, Rollenspiele, Pantomimen, musikalische Darbietungen und vieles mehr. Auch Basteln – wie im Fall des Elektronikfachhandels bei der Gestaltung der Aussagen auf den Pinnwänden und der Aneinanderreihung der Gliederkette – fördert die Kreativität und den Ideenaustausch untereinander. Entsprechende Arbeitsmaterialien, die eine anregende Arbeitsatmosphäre herstellen und eine kreative Arbeit erlauben – zum Beispiel Moderationskarten, Pinnwände, Zeitschriften zum Ausschneiden von Bildern, Musik und Musikinstrumente – müssen vorher organisiert und in ausreichender Menge bereitgestellt werden (zum Thema kreative Pädagogik siehe Kapitel 9).

Demgegenüber wirken zu viele *kognitive Elemente* in einer Zukunftswerkstatt – wie auch allgemein in anderen Veranstaltungen und in Seminaren – eher ermüdend und erzeugen Langeweile, sofern über einen längeren Zeitraum keine Abwechslung vorgesehen ist. Zu den kognitiven Elementen gehören alle Arten von Vorträgen, Präsentationen, Berichten, Referaten und so weiter, bei denen meist einer allein den gesamten Part übernimmt, während alle übrigen Teilnehmer zum Zuhören verurteilt sind. Insbesondere die allseits so beliebten Power-Point-Präsentationen sind in einer Zukunftswerkstatt oft deplatziert. Selbst wenn die Folien gut gemacht sind und der Vortrag in ansprechender Form gehalten wird, schweift die Aufmerksamkeit der Teilnehmer erfahrungsgemäß früher oder später ab. Die kognitiven Elemente wenden sich nur an den Kopf, während die Live-Erlebniselemente auch Herz und Hände mit einschließen.

> *»Wenn du Menschen erfreuen willst,*
> *musst du sie auf ihre Weise erfreuen.«*
> *(Philip Chesterfield)*

Kreative Erlebniselemente, die so gestaltet sind, dass jeder mitmachen und sich einbringen kann, wecken die Aufmerksamkeit, bauen einen Spannungsbogen auf und bleiben – insbesondere wenn sie ungewöhnlich originell waren – allen Teilnehmern noch lange in Erinnerung. Ideal ist für die Zukunftswerkstatt ein ausgewogener Methodenmix: maximal ein Drittel Information (kognitiver Anteil), ein Drittel Gruppenarbeit und ein Drittel Live-Erlebniselemente.

Die modernen Kommunikationsmedien wie Beamer, Video, DVD und andere verleiten leicht dazu, Großveranstaltungen heute als »Multimediashows« zu inszenieren: Es wird wie im Fernsehen eine abwechslungsreiche Unterhaltung geboten – aber eben leider auch nicht mehr. Eine »Informations- oder Showberieselung« der Teilnehmer sollte auf jeden Fall vermieden werden, denn letztlich wäre damit wieder nur ihre passive Aufnahmefähigkeit gefordert, aber ihre aktive Einbindung und der so notwendige Raum für Kommunikation würden fehlen. Es geht schließlich nicht darum, bei den Teilnehmern eine oberflächliche Begeisterung in Form einer Zustimmung zum »Unterhaltungsgrad der gezeigten Show« zu wecken, sondern sie zu echter Mitarbeit zu bewegen und sie für den Veränderungsprozess mit all seinen Facetten zu gewinnen. Die Live-Erlebniselemente erzeugen im Vergleich zu den kognitiven Elementen echte Begeisterung, weil die Ideen dafür von den Teilnehmern selbst kommen.

Kleingruppen von maximal zehn bis zwölf Personen sind optimal, um große Gruppen in sinnvolle, überschaubare Einheiten aufzuteilen und dabei gleichzeitig die Gesprächsbereitschaft der Teilnehmer untereinander zu fördern. Die Arbeitsaufgaben, die die Gruppen in Form von Fragen zur kreativen Bearbeitung erhalten, sind unmittelbar auf die Ziele und Strategien des Unternehmens wie auch auf das Bildungscontrolling ausgerichtet: »Wir wollen in einem bestimmten Zeitraum etwas Bestimmtes erreichen. Was müssen wir tun, um messbare Ergebnisse zu erzielen?« Damit werden bereits die Kriterien festgelegt, die später ein Controlling der Weiterbildungsmaßnahmen ermöglichen.

Jede Aufgabe sollte nicht mehr als 90 Minuten in Anspruch nehmen, um die Aufmerksamkeit der Teilnehmer hoch zu halten und Ermüdungserscheinungen zu vermeiden. Das Besondere ist, dass bei der Bearbeitung der Aufgaben durch die heterogene Zusammensetzung der einzelnen Gruppen jeweils ganz unterschiedliche Perspektiven der Teilnehmer in die Bearbeitungen einfließen. Dies ist einer der Gründe dafür, dass die Ergebnisse so vielfältig und kreativ ausfallen. Mehr noch: Die auf solche Weise zustande gekommenen Ergebnisse übertreffen oft die Erwartungen aller.

Bei der Veranstaltung werden *Ko-Moderatoren* eingesetzt, die verschiedene von den jeweiligen Zielen der Zukunftswerkstatt abhängende Aufgaben erfüllen. In erster Linie betreuen sie die Gruppen und unterstützen moderationstechnisch, wenn es mal »hakt«. Eine weitere elementare Aufgabe besteht zum Beispiel darin festzustellen, welche Gruppen in welcher Art präsentieren. Auf diese Weise kann die Veranstaltung so gesteuert werden, dass jeweils die Gruppe, die die herausragendsten Ergebnisse erarbeitet hat, mit ihrer Präsentation im Plenum als erste startet.

Das ist wichtig, denn die Ersten, die auf der Bühne vortragen oder präsentieren, setzen den Maßstab für alle übrigen Gruppen, die dann versuchen, mindestens genauso gut oder sogar besser zu sein; es ergibt sich ein »Dominosteineffekt«. Ein »Highlight« bei der ersten Präsentation reißt alle mit, während eine eher mäßige Präsentation am Anfang dazu beiträgt, das Energieniveau sämtlicher Präsentationen niedrig zu halten. Der Beitrag jeder Gruppe sollte von allen übrigen Teilnehmern durch Applaus und entsprechend positive Kommentare der Moderatoren gewürdigt werden, damit die Motivation auf einem hohen Niveau erhalten bleibt. Nicht jede Gruppe kann bei jeder Aufgabe »energiegeladen und Spitze« sein. Einige Themen sind möglicherweise zu ernst, um sie kreativ präsentieren zu können. Oft sind die Inhalte wichtiger als die Art der Präsentation; das ist von der jeweiligen Aufgabenstellung abhängig.

Wichtig ist weiterhin, die *Führungskräfte,* die an der Zukunftswerkstatt teilnehmen werden, vorher für die möglichen gruppendynamischen Prozesse zu sensibilisieren. Insbesondere kritische Schlüsselpersonen, die einer solchen Veranstaltung eher skeptisch gegenüberstehen (»Sie mit Ihrem Psycho-Training!«), sollten vorher dahingehend gecoacht oder trainiert werden, dass sie nicht defensiv oder aggressiv reagieren und die von den Teilnehmern erarbeiteten Ergebnisse keinesfalls abwerten, sondern anerkennen und wertschätzen. Am schlimmsten wäre es, wenn Führungskräfte eine solche Veranstaltung in kritischen Situationen, in denen unangenehme Themen zur Sprache gebracht werden, abbrächen. Denn dann wäre der Veränderungsprozess gescheitert, bevor er überhaupt begonnen hätte, und die von der Führungsebene angestrebten Ziele könnten nur schwerlich erreicht werden!

Wir haben in einer Veranstaltung erlebt, wie eine Führungskraft bei einer Zukunftswerkstatt von den Teilnehmern zur »Voodoo-Puppe« gemacht wurde: Sie musste sich – nachdem sie vorher gefragt worden war, ob sie bereit wäre mitzumachen – mit ausgebreiteten Armen vorne auf die Bühne stellen und unter großem Gelächter der Teilnehmer von vorne bis hinten und von oben bis unten mit Moderationskarten bekleben lassen. Auf den Karten hatten die Mitarbeiter notiert, was sie von ihren Vorgesetzten in Zukunft erwarteten, und es waren bei weitem nicht nur positive Äußerungen darauf festgehalten. Beispielsweise wurde kritisiert, dass die Vorgesetzten nicht »vorlebten«, was sie von ihren Mitarbeitern forderten.

Die betroffene Führungskraft reagierte darauf mit dem in solchen Fällen gebotenen Humor, so dass das befreiende Lachen aller Teilnehmer über die komische Situation dazu beitrug, Spannungen abzubauen, die sich zwischen Vorgesetzten und teilweise unzufriedenen Mitarbeitern im Betrieb aufgebaut hatten. Es wurden natürlich auch Fotos von der »Voodoo-Puppe« gemacht. Die »Vorführung« von Führungskräften bei solchen Veranstaltungen ist selbstverständlich ausgeschlossen, da immer zuvor ihr Einverständnis eingeholt wird.

Die Situation war für alle Beteiligten lehrreich. Den Führungskräften wurde bewusst, dass sie ihr Verhalten gegenüber ihren Mitarbeitern ändern mussten. Die humorvolle lockere Situation in der Zukunftswerkstatt trug dazu bei, Streitigkeiten und Auseinandersetzungen vom Arbeitsplatz fernzuhalten, weil Unzufriedenheit und Kritik in einem entspannten Umfeld öffentlich geäußert werden konnten und damit nicht in einen informellen Kanal abgedrängt werden mussten. Mit der »Voodoo-Puppe« war das Unternehmen zudem um eine Story reicher geworden, die man sich gerne und oft erzählte und die in diesem Fall den Gemeinschaftsgeist förderte.

»Wer dauerhaften Erfolg will,
muss sein Vorgehen ständig ändern.«
(Niccolo Machiavelli)

Dieses Beispiel zeigt, wie Zukunftswerkstätten, wenn sie richtig moderiert werden, die Wahrnehmung einer Situation bei allen Beteiligten verändern können. Was vorher negativ und blockierend wirkte, kann sich buchstäblich in befreiendes Lachen auflösen, sofern Mitarbeiter und Führungskräfte mit einer spielerischen, offenen Haltung in die Zukunftswerkstatt gehen. So können Krisen entschärft und positiv bewältigt werden.

Die sprichwörtlichen »Leichen« werden aus dem Keller geholt, und damit ist eine der wesentlichen Voraussetzungen geschaffen, um den Veränderungsprozess konstruktiv anzugehen und die gesetzten Ziele im Unternehmen zu erreichen. Der Weg wird frei für einen wirklichen Neuanfang mit einer motivierenden, inspirierenden Vision.

Insgesamt ist das Design einer Zukunftswerkstatt aufwendig. Die ganze Veranstaltung steht und fällt mit einer erstklassigen Vorbereitung, die die Auswahl und Planung der Arbeitsaufgaben wie auch der pädagogischen Elemente, die Vorbereitung der gesamten Arbeitsmaterialien für jeden einzelnen Teilnehmer und das vorherige Coaching und Training von Schlüsselpersonen umfasst. Das Gelingen hängt außerdem wesentlich von der Qualität der Moderation während der Veranstaltung ab, wobei die Moderatoren eine positive, motivierende Atmosphäre aufrechterhalten und kritische Situationen mit souveränem Umgang steuern sollten.

Am Ende einer gelungenen Zukunftswerkstatt sind die Menschen voller Hoffnung und Vorfreude auf die Zukunft. Mit ihren positiven Gefühlen stecken sie auch diejenigen im Betrieb an, die nicht an der Veranstaltung teilgenommen haben. Insgesamt ist eine Aufbruchstimmung und ein Tatendrang in der Organisation zu spüren, denn die Beteiligten haben ein neues klareres Bild von ihrer Aufgabe, ihren Möglichkeiten und ihrer Verantwortung in der Organisation gewonnen. Dadurch ist Energie freigesetzt worden. Diese positive Stimmung kommt den nachfolgenden Weiterbildungsmaßnahmen zugute, die nun auf fruchtbaren Boden fallen, weil ihre Notwendigkeit von allen erkannt wird.

8 Die Bildungsbedarfsanalyse – Basis der Weiterbildung im Unternehmen

Schwächen der Bildungsbedarfsermittlung heute

Zur Ermittlung des Bildungsbedarfs stehen üblicherweise zwei Hauptinstrumente zur Verfügung: das Assessment-Center und das Mitarbeitergespräch beziehungsweise die Mitarbeiterbeurteilung. Daneben gibt es noch weitere Interviews und repräsentative Befragungen. Basis sind die Stellenbeschreibungen oder Anforderungsprofile, die das Soll-Profil des jeweiligen Mitarbeiters festlegen, welches mit dem Ist-Profil – dem tatsächlichen Können – abgeglichen wird. Aus der Differenz zwischen beiden ergibt sich der notwendige Bildungsbedarf. Das klingt einfach und plausibel, doch wir haben bereits in Kapitel 3 behauptet, dass diese »klassische« Form der Bildungsbedarfsanalyse unzureichend und unvollständig, weil *zu punktuell* ist – nämlich immer nur auf einzelne Mitarbeiter, aber nicht auf die gesamte Organisation bezogen wird.

In größeren Betrieben besteht zudem die Tendenz, die ohnehin nicht optimale Analyse zu beschleunigen, zu zentralisieren und zu vereinheitlichen. Da werden zum Beispiel Mitarbeiterbeurteilungen »auf die Schnelle« ausgefüllt, indem einfach der Vorgesetzte – ohne Rücksprache mit dem betreffenden Mitarbeiter oder mit anderen Führungskräften – auf den Beurteilungsbögen seiner *persönlichen Meinung* nach vorhandene Fähigkeiten abhakt und nicht vorhandene markiert. Weil Mitarbeiterbeurteilungen sehr aufwendig sind, versuchen Unternehmen zum Teil, das Verfahren zu zentralisieren, zu standardisieren und die Beurteilungen online durchführen zu lassen. All diese Methoden bergen jedoch Gefahren:

- Durch die Beurteilung lediglich eines einzelnen Vorgesetzten wird einer möglicherweise subjektiven und einseitigen Sichtweise eines Mitarbeiters Vorschub geleistet. Mögliche Defizite werden vielleicht gar nicht erkannt und können daher auch in den Schulungen nicht berücksichtigt werden.
- Eine zentrale und standardisierte Beurteilung kann ebenfalls zur *Oberflächlichkeit* verleiten, die die wahren Potenziale eines Mitarbeiters übersieht.
- Online-Verfahren mögen für einige Beurteilungspunkte realisierbar sein, aber es gibt gewisse Fähigkeiten – insbesondere im Bereich der

sozialen Kompetenz und des Verhaltens – die sich nicht einfach online abfragen lassen.

• Zentralisierte, einheitliche und ohne Gegencheck durchgeführte Verfahren bergen die Gefahr, dass bestimmte *Seilschaften* im Unternehmen teilweise über Jahre hinweg unentdeckt und unerkannt bleiben. Da wird zum Beispiel ein Mitarbeiter nicht aufgrund seines wirklichen Könnens positiv beurteilt, sondern weil er mit seinem Vorgesetzten befreundet ist und dieser daher großes Interesse an seiner Beförderung hat. Umgekehrt werden wirklich fähige Mitarbeiter negativ beurteilt und in ihrer Weiterentwicklung nicht gefördert, nur weil sie nicht Teil der Seilschaft sind. So kommt es, dass teilweise jahrelang unqualifizierte Personen bestimmte Positionen im Unternehmen bekleiden und dort hinderlich, störend oder sogar destruktiv wirken – und das nicht nur bei Veränderungsprozessen.

Solche Verfahren schaden nicht nur der Weiterentwicklung der einzelnen Mitarbeiter und Führungskräfte, sondern der Weiterentwicklung des gesamten Unternehmens.

Das Bildungscontrolling muss letztlich scheitern, wenn die Bedarfsanalysen oberflächlich und unzureichend bleiben, denn das Ergebnis der Bildungsmaßnahmen kann nicht besser sein als die zu Anfang durchgeführte Bedarfsanalyse.

Weiterbildungsfaktoren, die schon bei der Analyse nicht berücksichtigt, nicht erkannt oder gar absichtlich übersehen wurden, können auch nicht in die Weiterbildungsmaßnahmen einfließen.

Prinzipien einer integrierten und ganzheitlichen Bedarfsanalyse

Daher wird im Rahmen eines *ganzheitlichen* und *integrierten* Weiterbildungskonzeptes bei der Bildungsbedarfsanalyse anders vorgegangen, und zwar nach den folgenden Grundsätzen:

1. Die Bildungsbedarfsanalyse ist konsequent auf die Ziele und Visionen des Unternehmens ausgerichtet. Die Personalentwicklung wird somit Teil der Organisationsentwicklung.
2. Abkehr von bloßen Einzelmaßnahmen der Weiterbildung, die nur einzelne Mitarbeiter, Bereiche oder Ebenen berücksichtigt – stattdessen Hinwendung zu einem *ganzheitlichen* Weiterbildungskonzept, das alle Mitarbeiter einbezieht.

3. Abkehr von der Vorstellung, Weiterbildung müsse »Defizite und Schwächen abbauen« – stattdessen Hinwendung zu dem Prinzip »Stärken ausbauen/Ziele erreichen/Visionen verwirklichen«.

4. *Gründliche und individuelle* Bildungsbedarfsanalyse für jeden einzelnen Mitarbeiter, die sicherstellt, dass Seilschaften keine Chance haben und die wirklichen Potenziale der Betreffenden erkannt und gefördert werden.

Konsequente Ausrichtung auf die Unternehmensziele

Mit den in den letzten beiden Kapiteln vorgestellten Schritten ist bereits die Basis für eine Bildungsbedarfsanalyse gelegt, die die Organisationsentwicklung im Blick hat: Visionen, Werte, Strategien und Ziele wurden im Unternehmen erarbeitet; in der Zukunftswerkstatt wurden dafür sowohl das Commitment der Mitarbeiter eingeholt als auch messbare Kriterien festgelegt. Bei der Bildungsbedarfsanalyse wird – abgesehen vom Soll-Profil auf der Basis der Stellenanforderungen – mitberücksichtigt, über welche Fähigkeiten die Mitarbeiter im Hinblick auf die neu gesetzten Unternehmensziele außerdem verfügen müssen. Damit wird die Brücke von der Personal- zur Organisationsentwicklung geschlagen. Dazu trägt auch die Auswertung der von den Teilnehmern der Zukunftswerkstatt erarbeiteten Ergebnisse bei. Wie wir gesehen haben, schlagen die Teilnehmer häufig schon selbst konkrete Weiterbildungsmaßnahmen vor, die sie ihrer eigenen Ansicht nach benötigen.

Ganzheitliches Weiterbildungskonzept für alle Mitarbeiter, Ebenen und Bereiche

Es geht darum, die gesetzten Ziele auf alle Ebenen und Bereiche »herunterzubrechen« und so weit wie möglich zu konkretisieren: Was muss jede Abteilung, jeder einzelne Mitarbeiter und jede Führungskraft tun, damit diese Ziele tatsächlich erreicht werden? Und welche Art von unterstützender Weiterbildung benötigen die Einzelnen, um ihre Ziele an ihrem speziellen Arbeitsplatz zu erreichen? Die *ganzheitliche* Vorgehensweise hat den Vorteil, dass sie den wahren Bedarf eher aufdeckt als eine standardisierte und schnell durchgeführte. Immer wieder stellen wir fest, dass der Bedarf oft ganz woanders liegt als anfangs vermutet.

Ein Beispiel: Ziel eines Unternehmens ist es, die Kundenzufriedenheit zu erhöhen. Interviews, die zur Ermittlung des Bildungsbedarfs in dieser Richtung durchgeführt wurden, ergeben, dass der Außendienst kundenorientiert vorgeht und auch bei Reklamationen kompetent reagiert. Hier besteht also kein Weiterbildungsbedarf, wie zunächst angenommen wurde.

Der Engpass liegt jedoch darin, dass die Kunden bei Reklamationen monatelang auf ihre Gutschriften warten müssen. Damit kann der Außendienst nicht umgehen, weil die internen Buchhaltungsprogramme darüber keine Auskunft geben. Das interne Rechnungswesen muss demnach so verändert werden, dass die Gutschriften zügig ausgezahlt werden können. Dahinter verbirgt sich letztlich aber nicht nur ein Software-, sondern auch ein Kommunikationsproblem, weil der Fehler betriebsintern durch fehlende Kommunikation zwischen verschiedenen Bereichen nicht erkannt worden ist. Der wirkliche Weiterbildungsbedarf liegt also nicht in einem Verkaufs- oder Reklamationstraining für den Außendienst, sondern in einem Training für die Mitarbeiter bestimmter Bereiche des Innen- wie auch des Außendienstes, damit die Schnittstellenkommunikation optimal funktioniert. Dazu werden Schnittstellen-Workshops durchgeführt.

Stärken ausbauen statt Schwächen beseitigen

Mitarbeiter motiviert es nicht, ihre Schwächen und Defizite abzubauen. Den Fokus der Weiterbildung stattdessen auf ihr Können, ihre Fähigkeiten, ihr Potenzial sowie dessen Entfaltung zu richten, ist weitaus motivierender. Zwar werden dadurch letztlich auch Schwächen abgebaut, aber die positive Sichtweise trägt wesentlich zu einem gelungenen Praxistransfer bei.

Gründliche und individuelle Bedarfsanalyse

Bestandteil gründlicher und individueller Bedarfsanalysen können unter anderem Einzelinterviews sein, die entweder strukturiert oder narrativ durchgeführt werden. Häufig wird der Einwand vorgebracht, die Kosten und der Zeitaufwand dafür seien zu hoch, deshalb müsse man sich auf vereinfachte Standardverfahren beschränken. Wir werden anhand der Ergebnisse der im nächsten Abschnitt vorgestellten Firma das Gegenteil beweisen: Der Return-on-Investment der durch eine gründlich durchgeführte Bedarfsanalyse erzielten Resultate ist so hoch, dass er die Kosten bei weitem übersteigt.

Es ist langfristig erheblich teurer, Mitarbeiter an für sie ungeeigneten Arbeitsplätzen zu beschäftigen, als mit einer gründlich durchgeführten Bedarfsanalyse dafür zu sorgen, dass sie optimal eingesetzt werden. Die »falschen« Mitarbeiter auf den »falschen« Positionen erzeugen unabsehbare Folgekosten, die sich aus höheren Krankenständen, Personalfluktuation und unzureichender Arbeitsproduktivität ergeben.

Ein Beispiel für eine *gründliche* Vorgehensweise bei der Ermittlung des Bildungsbedarfs: Die Geschäftsleitung wünscht Führungskräftetrainings für die Teamleader in der Produktion. Bei der ersten Befragung der Teamleader ist eine deutliche Abwehrhaltung zu erkennen. »Solche Trainings bringen nichts, wir brauchen erst gar nicht damit anzufangen.« Um der Sache auf den Grund zu gehen, werden daher *gezielte Einzelinterviews* mit allen Führungsverantwortlichen durchgeführt, die schließlich die Ursache der Abwehrhaltung ans Licht bringen. Es existiert ein Konflikt, der darauf beruht, dass ein Schichtkoordinator aus Polen ausschließlich polnischstämmige Teamleader eingesetzt hat, obwohl sie eindeutig das Anforderungsprofil nicht erfüllen. Das Trainerteam beschließt darauf gemeinsam mit der Geschäftsleitung, diese Teamleader anderen Vorgesetzten zuzuordnen und für ein halbes Jahr unter Vorgabe konkreter Ziele zu beobachten. Wäre man in diesem Fall bei einer oberflächlichen Bedarfsanalyse stehen geblieben, so wäre das Training der Teamleader praktisch nutzlos gewesen, da die Teamleader »gemauert« und damit jeden Erfolg und jeden Praxistransfer des Erlernten verhindert hätten.

Durch diese *Feedbackschleife* und durch die Ergebnisse aus den Jahresgesprächen ergibt sich ein vollständigeres und zutreffenderes Bild der Qualifikation des Einzelnen.

»Was muss ich tun, um hier rauszufliegen?« – Auswahlverfahren und Trainingsprogramm bei einem Automobilzulieferer

Ein Automobilzulieferer gehört mit mehr als 200 Standorten zu den größten der Welt. In Europa gibt es 100 Standorte, darunter mehrere in Deutschland. Kerngeschäft ist die Anlieferung von verschiedenen Bauteilgruppen für diverse Autohersteller (OEM) im Just-in-Time-Verfahren. Durch eine KVP-Maßnahme war 1995 im Werk Düsseldorf[1] ein Drittel der Produktionsfläche frei geworden und man bewarb sich daher, die gleiche Bauteilgruppe, die bereits für einen anderen Autohersteller im Werk produziert wurde, nun auch für ein anderes Kleinwagenmodell herzustellen. Es handelte sich um Autositze. Als der Standort Düsseldorf den Zuschlag bekam, mit der Produktion im Oktober 1995 starten zu können, ging es darum, etwa 200 neue gewerbliche Mitarbeiter zu finden und einzustellen. Dafür wurde ein in der Automobilbranche bisher einzigartiges Auswahlverfahren und Trainingsprogramm entwickelt und umgesetzt. Vergleichbare Programme in dieser Intensität sind für Bandarbeiter nicht bekannt. Gerade deren Einarbeitung reicht häufig nicht aus,

---

[1] Standort von der Redaktion geändert

da die Qualitätsanforderungen an die Produkte und Mitarbeiter stark gestiegen sind.

Im ersten Schritt des mehrstufigen Auswahlprozesses wurde in Zusammenarbeit mit dem Arbeitsamt ein Anforderungsprofil entwickelt: Das Unternehmen wollte, dass Altersstruktur, Ausbildungsstand, Frauen- und Ausländeranteil bei den zukünftigen Mitarbeitern so ausgewogen wie möglich sein sollten, weil sich das im Hinblick auf die Teamarbeit in der Produktion bewährt hatte. Durch informative Großveranstaltungen des Arbeitsamtes gingen rund 700 Bewerbungen ein – darunter von vielen Langzeitarbeitslosen – zu denen noch einmal 700 Zufallsbewerbungen kamen, die ohne Initiative des Amtes zustande kamen.

Von den 1400 Bewerbern wurden im zweiten Schritt 700 von der Personalleitung und dem Produktionskoordinator zu individuellen Vorstellungsgesprächen eingeladen. Die 350 Bewerber, die daraufhin in die engere Wahl kamen, wurden im dritten Schritt von geschulten Teamleadern in der Produktion beurteilt: Bei einer Werkführung zeigte man ihnen zunächst, wie Autositze gefertigt wurden. Anschließend stellte man ihnen einen fertigen Sitz als Modell hin und daneben sämtliche Einzelteile, verbunden mit der Aufforderung, den Sitz ohne weitere Kenntnisse zusammenzubauen. Natürlich war klar, dass eine fehlerfreie Herstellung völlig ausgeschlossen war, aber darum ging es gar nicht. Vielmehr sollten die psychomotorischen Fähigkeiten wie auch die Teamfähigkeit der Bewerber bei der Sitzbau-Probe getestet werden.

> *»Stelle keinen Menschen ein,*
> *der deine Arbeit für Geld verrichtet,*
> *sondern den, der sie gerne tut.«*
> *(Henry David Thoreau)*

Der Orientierungstag, ein anderes Assessment-Center

Nach diesem Selektionsschritt kamen von den 350 Bewerbern 225 in die engere Wahl. Sie wurden zu einem sogenannten »Orientierungstag« in ein Hotel im Sauerland eingeladen. Zuvor fand ein *Beobachtertraining* statt, das sich an Schichtkoordinatoren, Teamleader, Betriebsräte und Angestellte des Unternehmens richtete, die die zukünftigen Bandarbeiter bei diesem Orientierungstag gezielt beobachten sollten, um den letzten Schritt der definitiven Auswahl der einzustellenden Arbeiter zu vollziehen. Inhalte des Beobachtertrainings waren unter anderem:

- das Anforderungsprofil eines Produktionsmitarbeiters,
- das Vorstellen des Selektionsverfahrens,

- der Unterschied zwischen Wahrnehmung, Interpretation und Bewertung,
- typische Wahrnehmungsfehler wie der Halo-Effekt und Kontrastfehler,
- das Wirken der Körpersprache,
- der Umgang mit einem Beobachterbogen inklusive Skala und
- das Durchleben der Auswahlübungen.

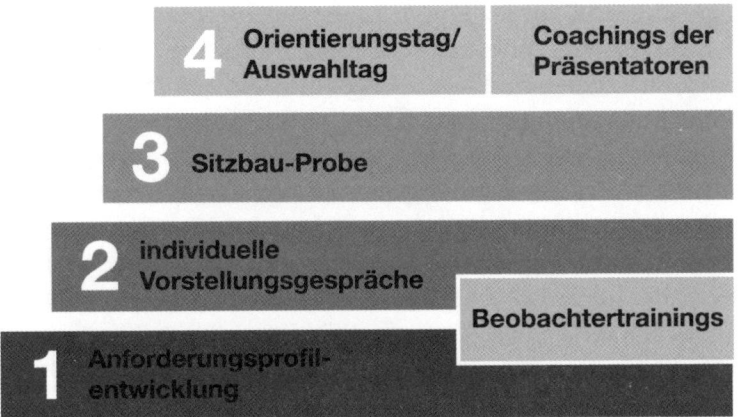

Abbildung 5: Die vierstufige Selektion der Mitarbeiter

Der »Sauerlandtag« war eine Großgruppenveranstaltung, die von ihrem Aufbau und ihrer Methode her wie eine modifizierte Zukunftswerkstatt gestaltet war. Der Tag begann mit einem Film, in dem den Bewerbern ein Fahrbericht über das neue Kleinwagenmodell gezeigt wurde, für das sie in Zukunft die Sitze fertigen sollten. Anschließend hatten die bereits in Düsseldorf beschäftigten Mitarbeiter die Aufgabe, den neuen Kollegen ihre Firma zu präsentieren. Natürlich waren die Mitarbeiter darüber bereits Wochen zuvor informiert worden, damit sie sich vorbereiten konnten. Sie hatten bei der Gestaltung ihrer Präsentation völlig freie Hand; die einzige Vorgabe, die sie erfüllen mussten, war die, dass sie keine Power-Point-Präsentation liefern durften, weil die »Bewerber aufgelockert« werden sollten.

Schon wochenlang vorher hatten die Mitarbeiter ihre Darbietungen geübt. Sie hatten sich eine in fantasievollen Szenen gespielte »Reise durch das Unternehmen« ausgedacht. Zwei »Reiseführer«, von denen der eine Gitarre spielte und der andere erzählte, reisten mit den Teilnehmern um die halbe Welt und besuchten verschiedene Standorte des Unternehmens. Die Reise begann in der Zentrale in den USA, dann ging der Flug nach Europa mit der Zentrale in Deutschland, zuletzt war der Standort Düsseldorf an der Reihe. In kleinen Szenen wurde den Bewerbern außerdem spielerisch nahegebracht, wie die Fließbandarbeit abläuft und was sie im Unternehmen sonst noch erwartete.

Der erste Teil der Einführung in das Produkt und das Unternehmen dauerte etwa anderthalb Stunden. In dieser Zeit war aufgrund der außergewöhnlichen Präsentation eine positive Stimmung im Saal entstanden, und die Bewerber zeigten sich angenehm überrascht. Viele brachten zum Ausdruck, dass man sich bisher noch in keinem Unternehmen so viel Mühe gegeben hatte, für sie eine Einführung zu gestalten. Normalerweise erhalten Bandarbeiter überhaupt keine Einführung außerhalb ihres Arbeitsplatzes, und selbst die Einweisung am Band erfolgt nur sehr kurz und knapp innerhalb weniger Stunden – selbst wenn später hochwertige Qualitätsarbeit verlangt wird. Hier nun hatten die Bewerber Gelegenheit, zunächst einmal das ganze Unternehmen kennenzulernen und auch das gesamte Produkt zu sehen, statt nur den kleinen Ausschnitt davon, den sie in Zukunft produzieren sollten. Damit wurde ein übergeordnetes, ganzheitliches Verständnis für die Arbeitszusammenhänge geweckt. Vor allem aber fühlten sich die Bewerber wertgeschätzt.

Als nächstes hatten die Teilnehmer nun die Aufgabe, in Kleingruppen auf kreative Weise Aufgaben zu bearbeiten, die mit ihrem zukünftigen Tätigkeitsfeld im Unternehmen zu tun hatten. Sie sollten zum Beispiel Fragen beantworten wie:

- »Was erwartest du von einem guten Management?«
- »Was kann der Arbeitgeber von dir erwarten?«
- »Was muss ich tun, um hier rauszufliegen?«
- »Welches Verhalten muss ich zeigen, damit ich als teamunfähig erlebt werde?«
- »Was müssen wir tun, damit der Autohersteller seine Sitze woanders bauen lässt?«

Durch diese Übung entwickelten die Teilnehmer selbst die Kriterien für die Teamarbeit, für den Umgang mit Führungskräften und für die Qualitätsanforderungen an ihre Arbeit. Das war weitaus effektiver, als wenn ihnen diese Kriterien einfach nur vorgegeben worden wären. Alle Kleingruppen wurden von jeweils zwei Beobachtern betreut, so dass sie während der Veranstaltung einen kompetenten Ansprechpartner hatten und die Beobachter entsprechend ihrer Eindrücke vom (authentischen) Verhalten der Teilnehmer später Entscheidungen treffen konnten. Das Moderatorenteam coachte die Beobachter während des Tages bei Bedarf.

Die erste und zugleich kreativste Präsentation erfolgte durch eine Gruppe, die ihre Antworten musikalisch im Rapstil vortrug, und dies sogar in Form von Reimen: »Die Schicht dauert acht Stunden, die Zeit vergeht wie in Sekunden«, »Wir arbeiten gut und billig, dann werden die Kunden willig« waren einige der selbst gedichteten Reime, die musikalisch präsentiert wurden. Andere Gruppen schrieben Rollenspiele, zeigten eine Pantomime, hielten eine Büttenrede oder malten etwas. Die Atmosphäre war sehr entspannt und motivierend für alle Bewerber.

Am Nachmittag erhielten die Teilnehmer die Aufgabe, in ihren Gruppen jeweils verschiedene Start-up-Raketen zu bauen. Metaphorisch stand die Rakete für den Neuanfang der Bewerber im Unternehmen, aber auch für den Produktionsstart der Autositze. Die Raketen mussten jeweils unterschiedliche Kriterien erfüllen; beispielsweise standen sie für Qualitätssicherung, Umweltfreundlichkeit oder Teamarbeit. Ausgerüstet mit Papier, Stiften, Klebstoff und Scheren ging jede Gruppe daran, ganz individuell ihre Rakete zu bauen. Absichtlich wurden übrigens stumpfe Scheren und schlecht schreibende Stifte verteilt, um zum einen die Kommunikation der Teilnehmer zu intensivieren und zum anderen ihre Improvisationsfähigkeit zu erhöhen. Am Fließband kommt es auch häufig vor, dass manche Dinge nicht optimal laufen; trotzdem muss das Arbeitsergebnis des Teams am Ende der Schicht stimmen. Das Bauen der Rakete selbst lässt bedingt Rückschlüsse auf die motorische Geschicklichkeit der Teilnehmer zu, die bei der Fließbandarbeit ebenfalls gefordert ist.

Abbildung 6: Der Sauerlandtag: Die Teilnehmer bauen eine Rakete

*»Beim Spiel kann man einen Menschen in einer Stunde
besser kennenlernen als beim Gespräch in einem Jahr.«*
(Platon)

Beim Bau ihrer Raketen hatten die Teilnehmer sehr viel Spaß und setzten
ihre ganze Kreativität ein. Manche nahmen sogar ihre Hosengürtel und
Schnürsenkel zu Hilfe, um ihre Rakete zu stabilisieren. Nachher musste
jeweils das gesamte Team auf die Bühne, vor dem Plenum seine Rakete
vorstellen und erklären, inwieweit sie die vorgegebenen Kriterien erfüllte.
Wochen später wurden diese Raketen am ersten Arbeitstag der neuen
Mitarbeiter als Willkommensgruß und zur Erinnerung im Unternehmen
aufgestellt.

Am Ende der Veranstaltung wiederholte die Gruppe, die zu Beginn
einen Rapsong vorgetragen hatte, noch einmal ihre Darbietung, wobei alle
mitklatschten und -sangen. In ausgelassener Stimmung ging es dann mit
den Bussen wieder zurück nach Hause. Alle waren sich einig: Dieser Tag
war etwas ganz Besonderes. Noch Jahre später konnten sich ausnahmslos
alle Teilnehmer an den »Sauerlandtag« genau erinnern, wie spätere
Evaluationen nachwiesen.

Mithilfe der Beobachter wurden von den 225 Bewerbern letztlich 186
als zukünftige Mitarbeiter für das Unternehmen ausgewählt. Durch die
intensive Beobachtung konnten nicht geeignete Bewerber rechtzeitig
herausgefiltert werden. Beispielsweise wurden zwei Alkoholiker identifiziert, und es zeigte sich, dass einige Langzeitarbeitslose nicht mehr an
einen Achtstundentag gewöhnt waren.

Das fünfwöchige Trainingsprogramm

Das anschließende fünfwöchige Trainingsprogramm für die 186 neuen
Mitarbeiter war speziell für den Automobilzulieferer entwickelt worden.
Hintergrund war die Tatsache, dass die neuen Mitarbeiter, sobald die
Produktion startete, am Fließband sofort Qualität produzieren mussten,
ohne die Gelegenheit zum Üben oder zur Einarbeitung zu haben. Die
Gefahr, dass unter solchen Bedingungen sehr viel Ausschuss produziert
wird, der unnötig Ressourcen verschwendet und schlimmstenfalls sogar
zum Verlust des Auftrags führen kann, ist sehr groß. Ein der Produktion
vorangehendes Trainingsprogramm sollte sicherstellen, dass die Mitarbeiter nach dem offiziellen Startschuss der Produktion ihren neuen Aufgaben
in vollem Umfang gewachsen waren.

Die fünfwöchige Trainingsphase bestand aus drei Elementen: einer
Seminarreihe zur Teambildung, Praxistagen im Unternehmen und mehre-
ren Fachseminaren. Die Seminarreihe *»Team-Building«* wurde in drei
Ganztagstrainings von dem externen Partner durchgeführt, der auch den

Orientierungstag gestaltet und moderiert hatte. Acht Teams wurden getrennt geschult, und zwar in folgenden Inhalten: visuelles Management, betriebspädagogische Umsetzung von Kaizen im Produktionsprozess, Faktoren des Betriebsklimas, Motivationsfaktoren, betriebspädagogische Umsetzung von Lean Production/TQM, Teamarbeit in der Kaizen-Kultur, Ursachen für mangelnde Kooperationsfähigkeit, Feedback-Regeln, Rollenverteilung in Gruppen, Jobrotation, Kommunikationsmodelle, Selbst- und Fremdwahrnehmung, Konfliktlösung, effiziente Durchführung von Meetings und eigene Teamrollen.

Bei den *Praxistagen* stand das Training der Handgriffe und Bewegungsabläufe am Fließband im Vordergrund. Es ging vor allem um die Übung motorischer Grundfähigkeiten zur Sitzfertigung innerhalb des Teams. An verschiedenen Positionen konnten die neuen Mitarbeiter ihre psychomotorischen Fertigkeiten verbessern und damit die theoretischen Ansätze der Seminare in der Praxis erleben. Die Seminarreihe orientierte sich an konkreten Fallbeispielen aus der Produktion und den Kaizen-Tools. Während der Praxistage hatten die neuen Mitarbeiter Gelegenheit, das Erlernte umzusetzen (siehe Kapitel 10).

Ziel der *Fachseminare* war es, die Unternehmensvision – sie wurde in Kapitel 6 vorgestellt – zu verinnerlichen und sie als richtungsweisend für die Unternehmenskultur zu verstehen: Die Teilnehmer sollten TQM-Techniken anwenden, die interne und externe Kundenstruktur erleben, die statistische Prozesskontrolle verstehen, sich im KVP-Denken üben, ihren Beitrag zur Zertifizierung nach ISO 9000 und QS 9000 erkennen, ihre eigene Rolle im Unternehmen erleben und das Just-in-Time-Verfahren verstehen. Zudem wurde eine Werksbesichtigung bei dem Automobilhersteller durchgeführt, für den die Sitze gefertigt werden sollten.

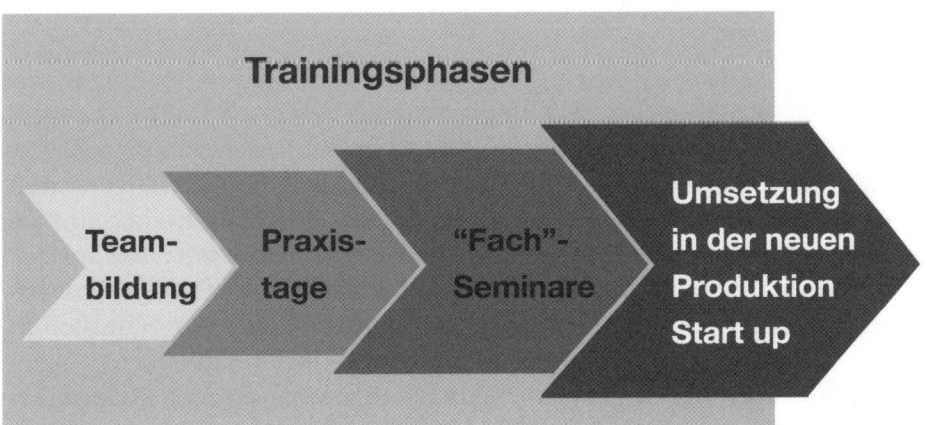

Abbildung 7: Die Phasen des Trainingsprogramms

Das gesamte Trainingsprogramm erforderte eine flexible Koordination und Moderation seitens der Trainer sowie eine effiziente Kommunikation innerhalb des Unternehmens. Nach jeder einzelnen Seminareinheit wurden die Teilnehmer aufgefordert, den Praxisbezug zu definieren und gegebenenfalls mit einem Maßnahmenkatalog abzuschließen. Die gesamte Kommunikation war auf die Ebene der Bandarbeiter abgestimmt: Denkmodelle und Fachbegriffe wurden im Vorfeld so vereinfacht, dass es zu keinem Zeitpunkt Irritationen oder Verständnisschwierigkeiten gab. Die Seminarreihe war geprägt durch aktive pädagogische Methoden wie Kleingruppenarbeit, Fallbeispiele, Videoanalysen, Produktionsbereichsanalysen in Partnerarbeit und von den Teilnehmern selbst vorbereitete Präsentationen vor dem Management. In den psychomotorisch geprägten Praxistrainings gaben die Schichtkoordinatoren den Teilnehmern nach jeder Unterweisung ein Feedback. Sämtliche Seminareinheiten wurden auf der Basis gehirngerechter, suggestopädischer Lehrmethoden durchgeführt (siehe Kapitel 9).

> *»Wer die Menschen behandelt, wie sie sind,*
> *macht sie schlechter.*
> *Wer die Menschen aber behandelt, wie sie sein könnten,*
> *macht sie besser.«*
> *(Johann W. von Goethe)*

Durch die abwechslungsreiche Gestaltung der Seminare und die gute Abstimmung zwischen Praxistrainings in der Produktion und den Seminaren bewegten sich die Teilnehmer stets auf einem hohen Energieniveau, obwohl ein fünfwöchiges Training sehr lang erscheint. Organisiert war das gesamte Trainingsprogramm im Schichtbetrieb, damit sich die Mitarbeiter schon vorab an die verschiedenen Arbeitszeiten gewöhnen konnten.

Bildungscontrolling: Die Langzeitwirkung der Trainingsmaßnahmen

Das Management des Unternehmens und das externe Trainerteam waren sich einig, dass das ungewöhnliche Projekt im Rahmen eines detaillierten *Kosten- und Effektivitätscontrollings* evaluiert werden sollte. Die Evaluationen wurden von einem unabhängigen Institut durchgeführt, das an dem gesamten Prozess nicht mitgewirkt hatte. Es handelt sich um eine *Langzeitevaluation,* die über fünf Jahre hinweg auf wissenschaftlicher Basis durchgeführt wurde, wobei jeweils eine repräsentative Anzahl von Mitarbeitern – Bandarbeiter wie auch Führungkräfte – einzeln interviewt wurde. Jährlich wurde dies wiederholt, so dass das Management Gelegenheit hatte, Maßnahmenpläne zu entwickeln, falls sich die Resultate verändern sollten. Im Folgenden werden einige Auszüge aus den Befragungsergebnissen wiedergegeben.

Herausragende Ergebnisse

Bei der ersten Befragung sechs Wochen nach Produktionsstart 1995 bezeichneten alle Beteiligten den Sauerlandtag als ein »tolles Erlebnis«, das für 53 Prozent sehr hilfreich war, um sich für eine Mitarbeit beim Automobilzulieferer zu entscheiden. Die Seminare zur Teambildung stießen auf positive Resonanz. Für 63 Prozent der Mitarbeiter zogen die Trainings eine Verhaltensänderung nach sich, und 62 Prozent teilten die Auffassung, dass das Betriebsklima nicht von Einzelnen abhängt, sondern von allen Beteiligten bestimmt wird. Die Führungskräfte stellten zu 60 Prozent »Kundenorientierung« im Verhalten der Mitarbeiter fest. Durch die Seminarreihe fühlten sich 75 Prozent der Mitarbeiter und 100 Prozent der Führungskräfte ausreichend auf die tatsächliche Produktionssituation vorbereitet. Am wichtigsten wurde das Praxistraining empfunden.

In die Interviews 1999 wurden auch die inzwischen neu hinzugekommenen Mitarbeiter einbezogen, die den Sauerlandtag und die anfängliche fünfwöchige Trainingsphase 1995 nicht miterlebt hatten. Auch sie waren geschult worden. Sie absolvierten während der Sommerferien fünf Tage Trainingsmaßnahmen inklusive Informationsveranstaltungen und Teamtrainings. Vom ersten Tag der Arbeitsaufnahme an waren sie am Band geschult worden.

Die bereits 1995 eingestellten Bandarbeiter konnten sich noch 1999 zu 100 Prozent an alle Trainingsmaßnahmen aus der Anfangszeit vor Produktionsbeginn erinnern. Alle Mitarbeiter fanden ihre Einarbeitung mehr als ausreichend. Die Maßnahmen stellten ihrer Ansicht nach eine gute Grundlage dar, die eine Steigerung des Arbeitsvolumens und der Qualität ermöglichte. 100 Prozent der Befragten waren der Ansicht, dass diese Trainingsmaßnahmen noch immer – nach vier Jahren – Auswirkungen auf die Arbeit und das Verhalten der Mitarbeiter hatten, eine Einschätzung, die sich beim Vergleich mit der Kontrollgruppe bestätigte (siehe nachfolgender Abschnitt »Vergleich mit einer Kontrollgruppe«). Zu 83 Prozent konnten die Befragten ein gutes Verhältnis zu den Führungskräften aufbauen. Insgesamt wurde die Werkskultur von 83 Prozent der Mitarbeiter als gut empfunden, was wiederum auf die Einarbeitungsmaßnahmen zurückgeführt wurde.

Die nach 1995 eingestellten Mitarbeiter erklärten 1999 im Interview, dass sie sich zu 100 Prozent positiv an ihre Einarbeitung erinnerten und beschrieben diese als sinnvoll. Von ihren Teamtrainings konnten sie 80 Prozent und von der Qualitätsveranstaltung 60 Prozent Erlerntes und Erfahrenes im Unternehmen einsetzen und einbringen. Die Teamtrainings hatten noch immer Auswirkungen auf die Arbeit und das Verhalten der Mitarbeiter. Aufgrund der Teamgespräche gaben 60 Prozent der Befragten an, sie hätten jetzt ein besseres Bild des Unternehmens. Alle Befragten befürworteten, dass die Einarbeitungsmaßnahmen den neuen Mitarbeitern angeboten und die Teamtrainings verlängert werden sollten. Auch von den neuen Bandarbeitern wurde die Werkskultur zu 83 Prozent als gut beschrieben: Es herrsche eine lockere Atmosphäre, und der Teamgeist sei spürbar.

Die befragten Führungskräfte erklärten 1999, dass die Team- und die Praxistrainings maßgeblich dazu beigetragen hatten, dass die Bandarbeiter die wesentlichen Seminarelemente in der Praxis umsetzen konnten. 100 Prozent der Führungskräfte waren sich einig, dass die Maßnahmen bei Produktionsstart noch immer Auswirkungen auf die Arbeit und das Verhalten der Mitarbeiter hatten; 60 Prozent hielten die Teamtrainings der später hinzugekommenen Mitarbeiter für sinnvoll. Selbst nach der Anfangseuphorie sei sowohl bei den »alten« wie auch bei den »neuen« Mitarbeitern eine durchweg positive Einstellung zu spüren. Alle Führungskräfte waren der Meinung, dass ein Start-up immer mit einer solch umfassenden Trainingsmaßnahme beginnen sollte. Die Führungskräfte waren sich ebenso wie die Arbeiter darin einig, dass die Bildungsmaßnahmen zu Anfang noch immer die Werkskultur prägten.

Vergleich mit einer Kontrollgruppe

Im Werk in Düsseldorf werden von zwei getrennt arbeitenden Gruppen zwei unterschiedliche Autositze für zwei verschiedene Autohersteller gefertigt. Das eine Team fertigte bereits seit 1990 Sitze, als fünf Jahre später, nach dem Sauerlandtag, die neue Gruppe von Mitarbeitern mit dem Produktionsstart der neuen Sitze als getrennte Produktionslinie hinzukam. Die seit 1990 beschäftigten Mitarbeiter hatten keine Gelegenheit, eine so umfangreiche Schulung mitzumachen wie die ab 1995 hinzukommenden Kollegen; die »älteren« Arbeiter waren noch in der klassischen Form direkt am Band angelernt worden, ohne einen Orientierungstag, Praxistage, Teamtrainings, Werksbesichtigungen und so weiter absolviert zu haben. Daher entstand innerhalb des Werks eine Konstellation, bei der die seit 1990 Tätigen wissenschaftlich als »Kontrollgruppe« angesehen wurden, mit der sich die Ergebnisse der 1995 Hinzugekommenen vergleichen ließ.

In den Jahren 1995, 1997 und 1999 wurden *Fragebogenaktionen* mit sämtlichen Mitarbeitern im Werk durchgeführt mit dem Ziel, die Betriebskultur zu analysieren. Die Auswertung der Fragebögen sollte Aufschluss über die Empfindungen und Meinungen der Mitarbeiter zu Bereichen wie Motivation, Verhalten im Team, Weiterbildung und vieles mehr geben. In diese Fragebogenaktionen wurden sowohl die seit 1990 tätigen als auch die ab 1995 tätigen Mitarbeiter einbezogen.

Durchgehend zeigen die Auswertungen in allen Bereichen, dass die ab 1995 eingestellten Mitarbeiter bessere Ergebnisse, höhere Leistungen und positivere Antworten erbrachten als die seit 1990 beschäftigten Mitarbeiter, und zwar in allen Jahren. Dazu einige Beispiele:

- Die Motivation der seit 1990 Beschäftigten lag zwischen 45 und 50 Prozent, bei den ab 1995 Beschäftigten jedoch zwischen 54 und 56 Prozent.
- Die Bereitschaft zur Konfliktlösung lag bei den seit 1990 Beschäftigten zwischen 59 und 62 Prozent, bei den ab 1995 Beschäftigten jedoch deutlich höher zwischen 66 und 68 Prozent.
- Das Unternehmen wurde von den seit 1990 Beschäftigten zwischen 64 und 72 Prozent als positiv gesehen, bei den ab 1995 Beschäftigten zwischen 73 und 82 Prozent.
- Dass der Mensch im Mittelpunkt des Unternehmens steht, wurde von den seit 1990 Tätigen zu 49 bis 54 Prozent bejaht, von den ab 1995 Tätigen aber zu 60 bis 70 Prozent.

Ein Novum: Die Ergebnisse der Fragenbogenaktion wurden im Sinne der Unternehmenskultur und der in der Vision festgehaltenen Werte (offene Kommunikation und kooperativer Umgang miteinander) veröffentlicht. Dies geschah in einer ansprechend und humorvoll visualisierten sowie leicht verständlichen Form, damit sie auch von Arbeitern mit geringeren Deutschkenntnissen verstanden wurden. Unter Verwendung von Comicfiguren, Kuchendiagrammen, Smileys und Prozentwerten wurden die von den Mitarbeitern gegebenen Antworten auf die einzelnen Fragen im Unternehmen an zentraler Stelle ausgehängt. Damit war für alle offensichtlich, wie es in ihrem Betrieb zuging, und es gab keine Geheimniskrämerei.

Den seit 1990 beschäftigten Mitarbeitern war ohnehin bewusst, dass die ab 1995 hinzugekommenen neuen Kollegen durch die Einführungsmaßnahmen in vielen Bereichen besser abschnitten. Dadurch fühlten sich die Mitarbeiter zunächst vernachlässigt. Das Management motivierte sie jedoch vorbildlich, so dass sie in ihrem Ehrgeiz angestachelt waren und es mit Unterstützung der gesamten Führungsebene sowie einer adäquaten Nachschulung schafften, eigenständig einen Qualitätspreis zu gewinnen.

Qualitätsentwicklung entsprechend der Anforderungen der Autohersteller

Die Qualitätsansprüche der Automobilhersteller (OEM) haben sich ab 1995 drastisch erhöht und werden über entsprechende Kennzahlensysteme ständig bei den Zulieferern überprüft. Gewisse Qualitätsstandards wie QS 9000 sind die Grundvoraussetzung, damit Zulieferer ihre Produkte überhaupt liefern dürfen. Die Beurteilung erfolgt durch den Kunden, für den die Sitze gefertigt werden, anhand verschiedener Auswertungen, die auf Basis von Qualität, Logistik und Service aufgestellt und quantifiziert werden. Die Kundenreklamationen werden anhand der PPM-Auswertung (Fehlerauswertung pro Millionen Teile) dargestellt. Sie entwickelte sich in dem ab 1995 gestarteten Produktionsbereich überaus positiv: Lag sie 1996 noch bei 8000 ppm, so sank sie bis 1997 auf 5459 ppm und lag 1999 schließlich bei null.

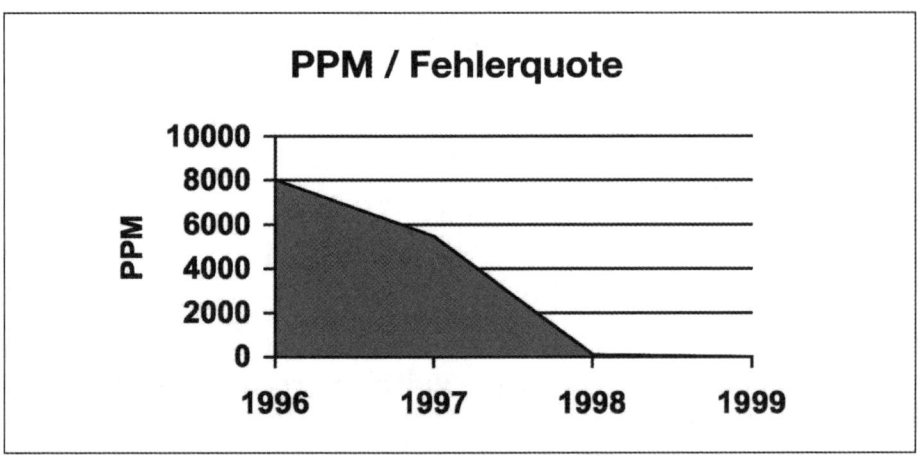

Abbildung 8: PPM-Quote in der Produktion der Sitze des Automobilzulieferers, Standort Düsseldorf

Es ließ sich eindeutig belegen, dass die Mitarbeiter durch die umfassenden Bildungsmaßnahmen in der Einarbeitungsphase ein hohes Verständnis von Total-Quality-Management (TQM) hatten und sich kontinuierlich an der rasanten Qualitätsmanagement (QM)-Entwicklung des Unternehmens beteiligten. Die befragten Mitarbeiter gaben an, dass ihnen die QM-Philosophie dazu verholfen hat, die tägliche Arbeit zu verstehen und verantwortungsbewusst zu gestalten. Sowohl die Qualitätskennzahlen des Autoherstellers als auch die Befragungen der Mitarbeiter beweisen, dass die gezielte Vorbereitung während der Einführung das Qualitätsbewusstsein jedes einzelnen Mitarbeiters intensiviert hat:

- Das Verantwortungsbewusstsein jedes Mitarbeiters für seinen Arbeitsplatz ist sehr hoch ausgeprägt.
- Die Mitarbeiter sind durch das Einführungsprogramm mit den Qualitätsanforderungen des Kunden vertraut und verstehen die Notwendigkeit, die Qualität ständig zu verbessern.
- Die Fortführung der Bildungsmaßnahmen im Bereich Unternehmenskultur und kontinuierliche Verbesserung (KVP) wird von den Mitarbei-

tern gewünscht. Der Erfolg dieser Maßnahmen lässt sich aus der Produktqualität herleiten.

Somit ist es für das Unternehmen am Standort Düsseldorf leichter, die Mitarbeiter auf die ständig steigenden Qualitätsansprüche der Autohersteller wie auch des Konzerns einzustimmen.

Fazit

Die wissenschaftliche Evaluation kommt unter anderem zu dem Ergebnis: »Die Kombination aus permanentem Kostenmanagement, bedarfsgerechter Trainingsanalyse und zielgerichteter Durchführung der Bildungsmaßnahmen, gekoppelt an die Unternehmensvision und das Qualitätsmanagement, lassen eine Erklärung des hohen Leistungsniveaus am Standort Düsseldorf zu.« Das wird auch von dem Automobilhersteller bestätigt.

Die *Personalfluktuation* lag bei den ab 1995 eingestellten Mitarbeitern bei nur 2,51 Prozent und damit weit unter dem Durchschnitt der Automobilzulieferer. Vom Bundesverband der Deutschen Industrie (BDI) wird die Fluktuation im produzierenden Gewerbe in Nordrhein-Westfalen mit 6 bis 9 Prozent angegeben. Das Ergebnis des Einführungsprogramms für die Mitarbeiter ist demnach, bezogen auf die Personalkennzahl Fluktuation, im Fünfjahres-Rückblick als erstklassig zu bewerten. Auch die Kostenersparnis ist, bezogen auf das Unternehmensergebnis, als positiv zu bewerten.

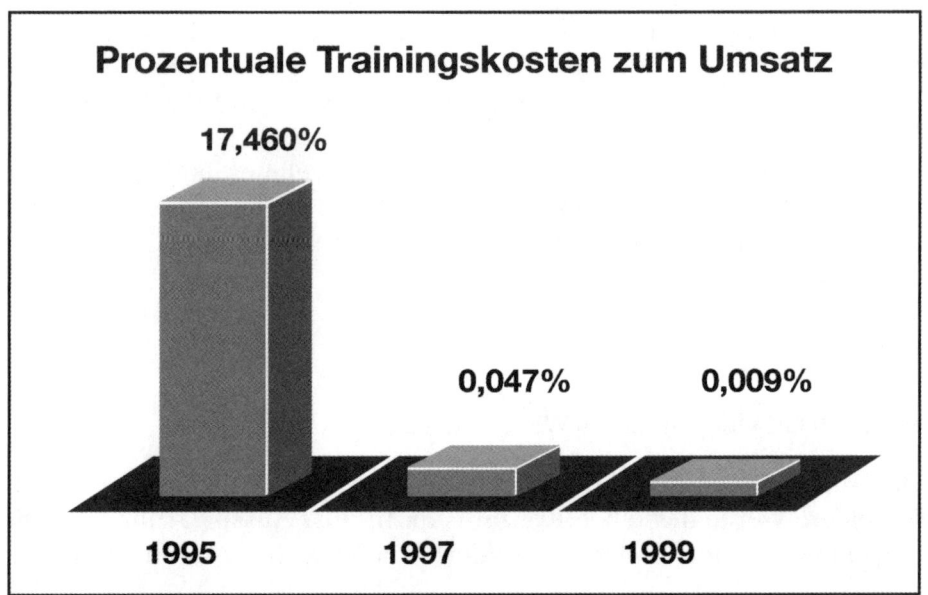

Prozentuale Trainingskosten zum Umsatz

17,460% 0,047% 0,009%

1995 1997 1999

Abbildung 9: Verhältnis Trainingskosten zum Umsatz am Standort Düsseldorf, Angaben in Prozent

Die Kosten für die Weiterbildungsmaßnahmen lagen zunächst 80 Prozent höher als bei herkömmlichen Einstellungsverfahren, nahmen jedoch im Vergleich zum Umsatz überproportional ab. Drei Prozent des Umsatzes gelten in der Automobilbranche als hohe Investition in die Ausbildung der Mitarbeiter. 1995 investierte das Unternehmen am Standort Düsseldorf 17,5 Prozent des Umsatzes ins Training. In den Folgejahren ist dieser Durchschnitt jedoch fast gleich null bei konstanter Leistungssteigerung. Der Return-on-Invest liegt in Bezug auf die Investition in die Weiterbildungsmaßnahmen und den gesteigerten Umsatz deutlich im zweistelligen Bereich. Das Beispiel zeigt:

> Ein ganzheitliches und integriertes Training, das genau auf den Bedarf der Organisation wie auch des Personals zugeschnitten ist, rentiert sich nicht nur aufgrund der damit verbundenen Kostenersparnis (geringere Fluktuation, niedriger Krankenstand), sondern auch aufgrund der dadurch erzeugten Leistungssteigerungen im Betrieb insgesamt (höhere Qualität in der Produktion, höhere Motivation, mehr Eigenständigkeit der Mitarbeiter). Der Erfolg ist anhand von Kennzahlen wissenschaftlich nachweisbar.

Möglich wurde dies beim Automobilzulieferer in Düsseldorf nicht zuletzt aufgrund der sorgfältig durchgeführten Bildungsbedarfsanalyse. Durch das mehrstufige praxisnahe Personalauswahlverfahren mit dem ungewöhnlichen »Orientierungstag« wurde gewährleistet, dass die richtigen Mitarbeiter eingestellt und untaugliche Bewerber vorzeitig herausgefiltert wurden. Ein weiterer wichtiger Baustein war das intensive praxisbezogene Training, das methodisch und inhaltlich vollständig auf die Bedürfnisse und das Niveau der Mitarbeiter abgestimmt war.

Das Trainingskonzept, wie es für das Unternehmen und speziell den Standort Düsseldorf entwickelt und durchgeführt worden ist, hat Modellcharakter für die gesamte Automobilbranche. In den Befragungen erwähnten die Mitarbeiter und Führungskräfte, dass sie solche Maßnahmen noch nie in einem Unternehmen miterlebt und auch noch nie davon gehört hatten.

Vergleich mit einem anderen Werk desselben Unternehmens

Die Unternehmenskultur des Werkes in Düsseldorf ist nicht repräsentativ für andere Werke desselben Konzerns im In- und Ausland. Eine ähnliche Fragenbogenaktion wie in Düsseldorf wurde auch in Essen[2] durchge-

---

[2] Standort von der Redaktion geändert

führt, aber mit völlig anderen und eher durchschnittlichen bis unterdurchschnittlichen Ergebnissen. Die Resultate dort:

- Die Mitarbeiter fühlen sich zu 66 Prozent schlecht informiert über Auftragslage, Unternehmensentwicklung, Produkte und so weiter,
- sie bemängeln, dass ihre Verbesserungsvorschläge nicht bearbeitet werden,
- sie wünschen sich zu 81 Prozent mehr Weiterbildungsangebote,
- sie möchten zu 59 Prozent mehr Eigenverantwortung übernehmen,
- sie haben zu 71 Prozent das Gefühl, dass ihre Leistungen nicht gewürdigt werden,
- sie bemängeln, dass ihre Vorgesetzten zu 68 Prozent nicht auf Hinweise auf eine Überforderung eingehen,
- sie halten zu 68 Prozent das Betriebsklima für schlecht,
- sie sind zu 58 Prozent mit dem Führungsstil ihres Vorgesetzten nicht einverstanden – und vieles mehr.

Die Zahlen belegen im Vergleich zu denen von Düsseldorf, dass eine ausgeprägte Unternehmenskultur keine Frage des Zufalls ist, sondern auf einer konsequent gelebten Vision mit klaren Zielen beruht. Maßgeschneiderte Weiterbildungsmaßnahmen sind dabei ein wichtiger Baustein zur Organisations- und Personalentwicklung.

»Bauen Sie ein innovatives Badezimmer« – Personalentwicklungstag bei einem Armaturenhersteller

Bewerber für ein Führungsnachwuchs-Programm gesucht

Ein Hersteller von Armaturen beschäftigt in Deutschland an verschiedenen Standorten insgesamt 3.000 Mitarbeiter. Weltweit präsentiert sich das Unternehmen durch Auslandsgesellschaften. Im Rahmen des Potenzial-Systems (PS), eines innovativen und weltweiten Entwicklungsprogramms für Führungskräfte, wurden intern Nachwuchskräfte gesucht, die anschließend durch ein Qualifizierungsprogramm inklusive Schulung, Training und Coaching auf ihre zukünftige Führungsaufgabe und ihren weltweiten Einsatz vorbereitet werden sollten. Das PS besteht aus drei aufeinander aufbauenden Entwicklungsprogrammen:

- »Junior Program« für junge Führungsnachwuchskräfte zwischen 23 und 31 Jahren und mit ein bis drei Jahren Berufserfahrung,
- »Professional Program« für Nachwuchskräfte zwischen 26 und 36 Jahren mit drei bis fünf Jahren Berufserfahrung und
- »Management Program« für Führungskräfte zwischen 33 und 45 Jahren, die über fünf bis acht Jahre Berufserfahrung verfügen.

Um an diesem dreistufigen Qualifizierungsprogamm teilzunehmen, waren folgende Voraussetzungen zu erfüllen:

- Die Mitarbeiter sollten über ein abgeschlossenes Studium oder eine Weiterbildung mit vergleichbarem Niveau verfügen,
- sie mussten weltweit mobil sein und
- das Auswahlverfahren des Personalentwicklungstages bestanden haben.

Im Vorfeld wurden Mitarbeiter, die für das 18- bis 24-monatige Qualifizierungsprogramm geeignet schienen, von ihren Vorgesetzten vorgeschlagen oder konnten sich alternativ selbst bewerben. Nach Vorgesprächen mit der Leiterin Personalentwicklung des Unternehmens kamen von den Bewerbern 25 Kandidaten in die engere Wahl. Mit der Geschäftsleitung wurde vereinbart, dass im Rahmen eines eintägigen Personalentwicklungstages geprüft wurde, inwieweit sich die Kandidaten für eines der drei Nachwuchsprogramme eigneten. Die anschließende Fortbildung sollte unbedingt am Bedarf orientiert sein und gezielt bei den konkreten Stärken und Schwächen der Einzelnen ansetzen.

Ziel des Personalentwicklungstags

Der Personalentwicklungstag sollte in Abstimmung mit der Geschäftsleitung so gestaltet werden, dass sich die Bewerber frei fühlten vom Druck einer Prüfungssituation und dem Druck, vermutete Erwartungen erfüllen zu müssen. Es wurde von Seiten des Unternehmens ausdrücklich kein Assessment-Center gewünscht. Das externe Trainerteam konzipierte daher Übungen, die einerseits am Arbeitsalltag und an konkreten Arbeitssituationen ausgerichtet waren, andererseits aber auch genügend Freiräume boten, die neugierig machten auf die Teilnahme. Zudem sollte sich die Komplexität der verschiedenen Aufgabenstellungen im Arbeitsalltag in den Übungen widerspiegeln.

Alle Übungen wurden ausschließlich auf der Basis der im Anforderungsprofil beschriebenen Kriterien gestaltet und zuvor gemeinsam mit den Beobachtern im Beobachtertraining reflektiert. Ausschlaggebend für die abschließende Einschätzung der Bewerber sollte vor allem ihr natürliches und authentisches Verhalten sein. Aufgrund der besonderen Form der Aufgabenstellungen waren »sozial angepasste« Antworten nicht möglich.

Vorgeschaltetes Beobachtertraining

Dem Personalentwicklungstag ging ein Beobachtertraining voraus, denn während des ganzen Tages sollten die 25 Kandidaten in ihrem Verhalten von 16 Beobachtern beobachtet und anschließend eingeschätzt werden. Die Beobachtungen bildeten die Entscheidungsgrundlage für die Empfehlung in die Aufnahme in eines der drei Programme. Die Beobachter waren Personalleiter mehrerer Standorte, Mitarbeiter des Personalwesens, Abteilungsleiter und Betriebsräte. Ausgeschlossen war, dass die Abteilungsleiter ihre eigenen Mitarbeiter beobachteten; dies wurde im Rotationsplan für die Beobachtungen hundertprozentig berücksichtigt.

In einer einzigen Veranstaltung und durch ein Beobachtergremium Menschen auf drei unterschiedlichen Anforderungsniveaus zu beobachten, stellte eine *betriebspädagogische Neuheit* dar. Umso wichtiger war die vorherige sorgfältige Ausbildung der Beobachter. Im Mittelpunkt stand dabei die Frage: Was genau beinhalten die drei Qualifizierungsprogramme und was sind die betriebsinternen Erwartungen daran? Die Beobachter wurden hinsichtlich ihrer Aufgabe, teilnehmend zu beobachten, sensibilisiert und im Hinblick auf die definierten Anforderungsprofile und Beobachtungsmerkmale qualifiziert. Unter anderem lernten sie, Wahrnehmung, Interpretation und Beurteilung voneinander zu trennen und ihre Empfehlungen an die Personalentscheider dadurch objektiv zu formulieren.

Die Beobachter mussten im Laufe des Tages pro Teilnehmer ein Qualifizierungsprofil erstellen, wofür sie Formulare erhielten, in denen zu den jeweiligen Kriterien konkrete Verhaltensbeispiele benannt wurden. Zu jeder der Übungen, die die Kandidaten durchführten, mussten die Beobachter anhand eines bereits bekannten Skalierungsmodells aus dem PS ein abschließendes Fazit ziehen. Da die Beobachter im Verlauf ihres eigenen Trainings die Übungen selbst praktisch erlebten, erfuhren sie die psychologische Situation der Bewerber, ohne dabei selbst beobachtet zu werden. Die Objektivität wurde dadurch gewährleistet, dass die Beobachter im rotierenden Verfahren immer wieder andere Bewerber beobachteten; zudem mussten sie Kandidaten für alle drei Programme berücksichtigen.

Auszug aus einem Fragebogen

Beobachtungshilfe zum Badezimmerbau für Name_____ Nr.___									
Konflikt- und Problemlöseverhalten									

○ löst selbständig, konstruktiv und erfolgreich die am Arbeitsplatz auftretenden Konflikte / Probleme
○ unterstützt bereichsübergreifende Konfliktlösungen
○ setzt sich mit Problemen auseinander
○ bleibt sachlich
○ kann gut vermitteln

○ erkennt kaum vorliegende Konflikte und meidet sie
○ benötigt für die Bewältigung Unterstützung
○ reagiert heftig
○ geht Problemen aus dem Weg
○ wird emotional und ergreift Partei
○ vermittelt nicht / verschärft eher den Konflikt

10%	20%	30%	40%	50%	60%	70%	80%	90%	100%	
				durchschnittlich		gut	sehr gut			QP

Förderung der Zusammenarbeit									

○ ist in hohem Maße integrierend
○ ist kooperationsfähig und kooperationsfreudig
○ ist tolerant und verhält sich fair
○ fördert individuelle Stärken und Schwächen
○ lässt andere am eigenen Wissen teilhaben
○ stellt sich Problemen und Konflikten / löst sie

○ integriert wenig / integriert nicht
○ kooperiert wenig / kooperiert nicht
○ ist ungerecht
○ berücksichtigt individ. Stärken und Schwächen nicht
○ leitet Informationen nicht immer weiter
○ meidet Konflikte / vermeidet Konfliktbewältigungen

10%	20%	30%	40%	50%	60%	70%	80%	90%	100%	
				durchschnittlich		gut	sehr gut			QP

Organisationsvermögen									

○ sucht aktiv nach erforderlichen Informationen
○ beteiligt Betroffene
○ berücksichtigt alle relevanten Aspekte
○ hält Termine und Zusagen ein
○ denkt an einen Austausch der Hilfsmaterialien
○ fragt nach erneutem Abstimmungsgespräch

○ wartet darauf, dass Informationen zugetragen werden
○ „organisiert" lediglich die eigenen Routineaufgaben
○ versichert sich nicht über „Komplettheit"
○ kann Termine und Zusagen nicht immer einhalten
○ berücksichtigt den Materialaustausch nicht
○ berücksichtigt die Mögl.keit mehrerer Gespr. nicht

10%	20%	30%	40%	50%	60%	70%	80%	90%	100%	
				durchschnittlich		gut	sehr gut			QP

Abbildung 10: Beobachtungsbogen für eine der Übungen des Personalentwicklungstags, Auszug

Das Badezimmer

Der Personalentwicklungstag wurde vom externen Trainerteam gehirngerecht moderiert und mit abwechslungsreichen Übungen gestaltet. Im
Unterschied zu einem Assessment-Center wurden die Aufgaben spielerisch, kreativ und positiv humorvoll gestaltet. Auch bei ernsten und
seriösen Themenstellungen war die Verbindung zu Humor und Kreativität

stets gegeben. Jede Übung legte dabei den Schwerpunkt auf unterschiedliche Fähigkeiten, wie zum Beispiel Eigeninitiative, Teamfähigkeit, Reflexionsfähigkeit, Verantwortungsbereitschaft, Kritikfähigkeit, originäres Denken, systematisches Arbeiten, Zuverlässigkeit und Führungskompetenz. Die Schwerpunkte entsprachen dem Anforderungsprofil der drei Programme. Kleingruppenarbeiten, Rollenspiele (unter anderem ein Gespräch mit einem »schwierigen« Mitarbeiter), Fallbeispiele, Diskussionen, individuell ausgearbeitete Präsentationen (»Meine persönlichen Führungswerte«) und kreative Darstellungen wechselten sich ab.

Absoluter Höhepunkt war die letzte Übung mit dem Thema: »Bauen Sie ein innovatives Badezimmer«. Dabei arbeiteten drei Gruppen gleichzeitig an einem einzigen Badezimmer aus Tonpapier, wobei sie aber räumlich getrennt waren und sich nur über einen »Kommunikator« pro Gruppe abstimmen konnten. Auf diese Weise wurde nicht nur festgestellt, wie effektiv die Arbeit in jedem einzelnen Team war, sondern auch, wie gut die Schnittstellen zwischen ihnen funktionierten – eine Übung, die auch einen Bezug zum realen Arbeitsalltag hatte. Der Zusammenbau des Badezimmers über verschiedene Teams funktionierte hervorragend, und am Schluss wurden Kooperation und Teamfähigkeit mit Musik und Applaus von allen belohnt.

Im Laufe der spannenden und abwechslungsreichen Übungen vergaßen die Teilnehmer völlig, dass sie sich in einem Auswahlverfahren befanden, und verhielten sich dementsprechend natürlich.

Abbildung 11: Die Teilnehmer des Personalentwicklungstages planen ein »Badezimmer«

Beobachterkonferenz und Feedbackgespräche mit den Kandidaten

Nach dem Personalentwicklungstag trugen die Beobachter ihre Ergebnisse zusammen und glichen sie miteinander ab, um die Kandidaten jeweils einschätzen und eine Empfehlung aussprechen zu können. Direkt im Anschluss an die Konferenz erhielten die Bewerber ein Feedback, wie sie im Laufe des Personalentwicklungstages erlebt und inwieweit sie für eines der drei Qualifizierungsprogramme empfohlen wurden. Im Rahmen dieses persönlichen Feedbackgesprächs wurde der individuelle Entwicklungsweg vereinbart.

Für das Feedbackgespräch wurde vorbereitend ein Feedbackbogen entworfen, um mit dessen Hilfe alle Gespräche gleichermaßen gut strukturiert führen zu können. Das externe Trainerteam reflektierte gemeinsam mit der Leiterin der Personalentwicklung und den jeweiligen Führungskräften der Bewerber die ausgesprochenen Empfehlungen. Bei der Umsetzung halfen sowohl die Personalleiterin als auch die Beobachter. Weil diese von verschiedenen Standorten des Unternehmens kamen, konnte die Unterstützung für die Bewerber in verschiedene Werke integriert werden. Die für die Bewerber anstehenden Bildungsmaßnahmen sollten systematisch aufeinander aufbauen und nicht unabhängig voneinander durchgeführt werden. Um dem Anspruch auf Individualität gerecht zu werden, wurden die Weiterbildungswünsche der Bewerber in den Trainings- und Coachingkonzepten berücksichtigt. Zwei Kandidaten schafften die Aufnahme in die Förderprogramme nicht. Sie erhielten separate Einzelcoachings und wiederholten ihre Teilnahme am Orientierungstag ein Jahr später. Dadurch erlebten sie sich nicht als Verlierer.

Die Durchführung der drei Förderprogramme mit den Kandidaten verlief erfolgreich. Nach nur 18 Monaten hatten die Kandidaten ihr Weiterbildungsprogramm abgeschlossen und sich für höhere Führungspositionen qualifiziert. Das Unternehmen entschied, das Programm bereits nach anderthalb Jahren in der gleichen Form zu wiederholen.

Qualitatives und quantitatives Bildungscontrolling

Die Personalauswahl für das Potenzial-System erfüllt folgende Parameter des *qualitativen* Bildungscontrollings:

1. Die Bewerber sind genau in demjenigen Förderprogramm, das ihrem individuellen Entwicklungsstand entspricht. Die Empfehlungen werden durch die Beobachtungsergebnisse wie auch durch die Feedbackgespräche abgesichert.
2. Die in den drei Förderprogrammen vorgesehenen Qualifizierungsbausteine werden im Anschluss an den Personalentwicklungstag, die Beob-

achterkonferenz und die Feedbackgespräche abgeglichen und gegebenenfalls individuell modifiziert. Dadurch wird eine Über- oder Unterforderung der Bewerber vermieden.

3. Die Rückmeldung der Führungskräfte der Bewerber belegt den Erfolg des Personalentwicklungstages.

Im Rahmen des *quantitativen* Bildungscontrollings wurden folgende Parameter erfüllt:

1. Mittel- bis langfristig können vakante Führungspositionen im Hause intern besetzt werden, wodurch im Vergleich zur externen Rekrutierung Kosten gespart werden. Im Unternehmen reduzieren sich die Headhunter- und Personalberatungskosten dadurch von 700.000 Euro auf 180.000 Euro.

2. Der systematische Aufbau des Potenzial-Systems und die Abstimmung der drei Programme aufeinander wirkt effizient, denn die Mitarbeiter beginnen bereits als Absolventen eines Programms das nächste Qualifizierungsprogramm, was Zeit und Personalkosten einspart.

3. Aufgrund der hohen Akzeptanz des Potenzial-Systems und der hohen Motivation bleibt eine Fluktuation unter den Führungsnachwuchskräften und jungen Führungskräften aus. So bleibt dem Unternehmen das Know-how der Mitarbeiter erhalten.

Fazit

> *»Erfolg besteht darin, dass man genau die Fähigkeiten hat,*
> *die im Moment gefragt sind.«*
> *(Henry Ford)*

Das ungewöhnliche Auswahlverfahren des Personalentwicklungstages mit seinen kreativen und abwechslungsreichen Übungen unterscheidet sich methodisch und inhaltlich deutlich von klassischen Prüfungssituationen mit eher typischen Übungen, die die Kandidaten meist als Stresssituationen erleben und die sie in ihrem natürlichen Verhalten beeinträchtigen.

Die Qualifikation von Mitarbeitern entsprechend ihres authentischen und natürlichen Verhaltens bringt eine höhere »Treffsicherheit« bei der Auswahl geeigneter Mitarbeiter für die jeweiligen Positionen. Werden die anschließenden Weiterbildungsmaßnahmen dann sowohl auf die Bedürfnisse des Unternehmens (Organisationsentwicklung) als auch individuell auf die Bedürfnisse der Mitarbeiter (Personalentwicklung) abgestimmt, so ist der Erfolg gewiss: Die Mitarbeiter sind motiviert und werden langfristig an das Unternehmen gebunden.

9 *No Power-Point, please* – das Training der anderen Art

Elemente einer kreativen und praxisnahen Pädagogik

Abschied vom frontalorientierten Seminar

Bereits im Zusammenhang mit der Zukunftswerkstatt und der Bildungsbedarfsanalyse wurde betont, wie wichtig es ist, dass Weiterbildungsmaßnahmen *praxisorientiert* konzipiert und durchgeführt werden. Nur so
gelingt der von vielen Unternehmen und Mitarbeitern noch immer
vermisste Transfer in den Berufsalltag, und nur so haben die Seminare
letztlich auch Erfolg, da sich die Mitarbeiter weiterentwickeln und ihr
Erfahrungs- und Verhaltensrepertoire erweitern. Und nur mit wirklich
befähigten Mitarbeitern haben Unternehmen auch die Chance, ihre
strategischen Ziele zu erreichen und damit die Organisation als Ganzes
weiterzubringen.

Leider sieht der Alltag in der Weiterbildung heute vielfach anders aus.
Noch immer herrscht in weiten Bereichen ein trainerzentrierter Seminar-
ablauf vor, bei dem häufig *kognitive Elemente* im Vordergrund stehen. Es
ist für den Lehrenden bequem, einmal eine Reihe von Power-Point-Folien
zu einem Thema zu entwickeln und diese dann in jedem Training –
unabhängig von den Teilnehmern und deren individuellen Bedürfnissen –
wieder abzuspulen. Allerdings bleiben die Seminare dann häufig relativ
wirkungslos, weil sie sich auf »passive Wissensvermittlung« beschränken.
Da nutzt unter dem Strich auch das beste und aufwendigste Bildungscontrolling nichts, wenn die Lernresultate letztlich unterdurchschnittlich sind.
Die Forderung der Personalentwicklung ist sehr klar:

> Wir können es uns heute in den Unternehmen nicht mehr leisten, den
> größten Teil der Weiterbildungsmaßnahmen aufgrund ungeeigneter pä-
> dagogischer Methoden nutzlos an den Teilnehmern und ihren Bedürfnis-
> sen »vorbeigleiten« zu lassen. In Anbetracht der Wettbewerbssituation,
> in der die meisten Unternehmen heute stehen, muss sichergestellt sein,
> dass Weiterbildungsmaßnahmen effektiv sind und die Mitarbeiter zu
> höheren Leistungen befähigen.

Es nützt nichts, wenn der Mitarbeiter lediglich weiß, dass er sich in diesen
oder jenen Situationen auf bestimmte Weise verhalten sollte. Vielmehr
muss er auch die Gelegenheit zum *aktiven Training* haben, um anschlie-

ßend die neuen Verhaltensweisen im betrieblichen Alltag einsetzen zu können. Das Wissen darum, wie man sich optimal verhalten müsste, kann allein noch keine Verhaltensänderung bewirken. Wird nur das Wissen darüber ohne praktische Übungsmöglichkeit vermittelt, so wird im Alltag die Schwellenangst zu groß sein, als dass der Betreffende sein Wissen wirklich anwendet. Er wird aus seiner »Komfortzone« nicht herauskommen, denn das alte Verhalten gibt ihm ein Gefühl von Sicherheit, während er sich in der Anwendung des neuen, situativ angemesseneren Verhaltens unsicher fühlt und es daher meiden wird.

Eine praxisnahe Pädagogik legt den Schwerpunkt darauf, dass die Teilnehmer in den Seminaren so viele Möglichkeiten zum Üben des Lernstoffs haben wie möglich. 80 bis 90 Prozent Übungsphasen stehen lediglich 10 bis 20 Prozent Wissensvermittlung gegenüber.

Diese Art der Seminargestaltung schließt ein verändertes Verständnis des Seminarleiters und des Teilnehmers ein: Der Trainer ist nicht mehr der Schulmeister oder Präsentator, der es »besser weiß« als die Teilnehmer, sondern er ist *Moderator und Prozessbegleiter,* der die Teilnehmer aktiv dabei unterstützt, sich Neues anzueignen. Statt allwissender Antwortgeber zu sein wird er zum anregenden Fragesteller und aktiven Zuhörer. Zugleich ist der Trainer als Lernpartner stärker gefordert. Wenn er auf die Bedürfnisse der Teilnehmer eingehen will, muss er speziell auf sie zugeschnittene Übungen und Arbeitsaufgaben konzipieren und durchführen. Es geht nicht zuletzt auch darum, erwachsene Lerner als mündige Menschen zu behandeln, und ihnen mehr Raum für Selbstorganisation, Selbstentfaltung und Selbstverantwortung zu geben.

Gehirngerechte Seminarkonzeption

Statt die Teilnehmer mit Wissen »vollzustopfen«, was nicht nur wenig wirkungsvoll ist, sondern auch ermüdend wirkt, sollte ein *lernerzentrierter* Unterricht kreativ, gehirngerecht und abwechslungsreich gestaltet sein:

- Es sollten alle Wahrnehmungs- und Sinneskanäle angesprochen werden,
- verschiedene soziale Lernformen sollten sich abwechseln und
- die Lernräume sollten ansprechend gestaltet sein.

Gehirngerecht bedeutet: Die Seminarkonzeption berücksichtigt, dass Menschen bei der Verarbeitung des Lernstoffs individuell verschiedene

Gehirnregionen bevorzugen; welche das jeweils sind, ist abhängig vom jeweiligen Persönlichkeitsprofil, das bei erwachsenen Lernern bereits voll ausgeprägt und kaum noch veränderbar ist.

Nach dem mittlerweile klassischen Gehirnmodell der Aufteilung des Großhirns in zwei Sphären gibt es grundsätzlich zwei Arten, Informationen zu verarbeiten:

Die beiden Hemisphären des Großhirns	
Linke Hemisphäre (Verstand)	**Rechte Hemisphäre (Intuition)**
Verbal: Gebraucht Sprache und Zeichen	Nonverbal: Denkt »stumm« in Bildern
Geschlossene Ideenbildung: Ordnet Informationen in vorhandene Strukturen (Muster) ein	Offene Ideenbildung: Gruppiert Informationen um gefühlsbesetzte Bilder
Logisch: Zieht Schlussfolgerungen	Intuitiv: Erschaut Zusammenhänge und Ganzheiten durch plötzliche unmittelbare Eingebung
Sequenziell: Denkt in aufeinanderfolgenden Schritten	Analog: Sieht Dinge im Verhältnis zu anderen Dingen und Teile im Verhältnis zum Ganzen
Linear – zeitlich: Verkettet Gedanken in der Reihenfolge ihres Auftretens	Ganzheitlich – simultan: Erfasst ein Ganzes auf einmal, zum Teil sprunghaft
Analytisch: Gliedert Informationen Schritt für Schritt	Synthetisch: Fügt einzelne Informationen zu einem Ganzen zu sammen
Rational: Entscheidet auf der Basis von Fakten	Irrational: Bedarf keiner faktischen Basis, verzichtet auf Beurteilungen
Weiß, was	Entdeckt, wie

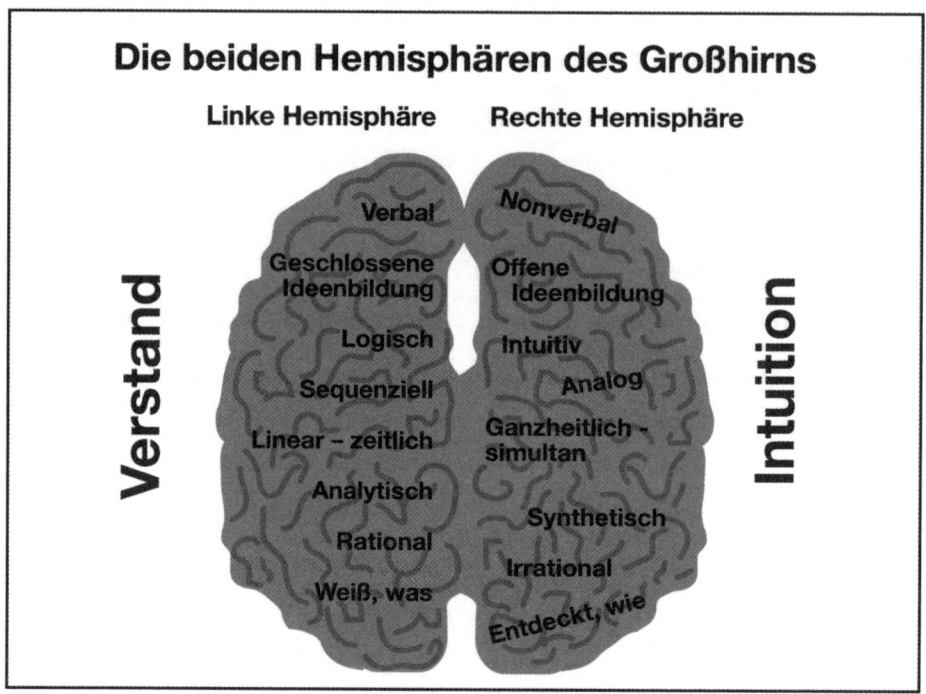

Abbildung 12: Modell der beiden Hirnhemisphären des Großhirns

Während ein kognitiv aufgebautes Seminar lediglich die linke Hemisphäre anspricht, berücksichtigt ein gehirngerechtes Seminar auch die rechte. So werden ergänzend zur Sprache Bilder und Metaphern eingesetzt, um das Erlernte zu behalten. Ein Beispiel dafür ist die beim Orientierungstag des Automobilzulieferers von den Teilnehmern gebaute Rakete, die symbolisch für den Start des Sitzebaus für das neue Kleinwagenmodell stand (siehe Kapitel 8); ebenso der Visionsfilm, der den Mitarbeitern des Elektronikfachhandels gezeigt wurde (siehe Kapitel 7).

Unterschiedliche Arten zu denken und auch wahrzunehmen, zu artikulieren und zu kommunizieren haben in unterschiedlichen Teilen des Gehirns ihren Ausgangspunkt. Es gibt in der Persönlichkeitspsychologie mittlerweile verschiedene auf wissenschaftlicher Basis erstellte Modelle, die zeigen, welchem Persönlichkeitsprofil die Bevorzugung welcher Gehirnregionen entspricht, ohne dass damit in irgendeiner Weise eine Bewertung der Persönlichkeit verbunden wäre. Nach dem Herrmann Brain Dominance Instrument (HBDI) wird das Gehirn in vier Quadranten unterteilt, denen jeweils metaphorisch Farben zugeordnet sind.

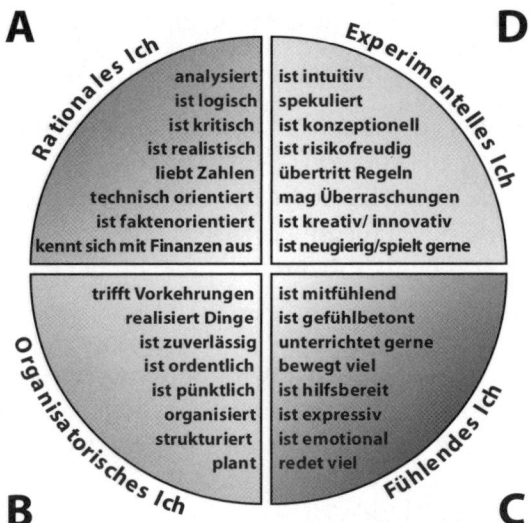

Abbildung 13: Die vier Quadranten nach dem Herrmann Brain Dominance Instrument
(Quelle: Herrmann International Deutschland GmbH & Co KG)

Nicht nur bei jedem Menschen sind die Ausprägungen in den vier Quadranten unterschiedlich stark, sondern auch bei jeder einzelnen Aufgabe liegen die Präferenzen unterschiedlich. Nicht jede Arbeitsaufgabe oder Übung im Seminar liegt daher allen Teilnehmern gleich gut. Natürlich ist es nicht möglich, vor allen Weiterbildungsmaßnahmen zunächst eine Analyse durchzuführen, welche Gehirnregionen von welchen Teilnehmern bevorzugt genutzt werden; das wäre viel zu aufwendig. Zu einem gehirngerechten Seminar gehört es jedoch, die Übungen so zu gestalten, dass alle Gehirnregionen angesprochen werden, damit alle Lerntypen zu ihrem Recht kommen und die Chance haben, den Lernstoff auf ihre jeweils individuelle Weise zu verarbeiten und zu verinnerlichen.

Übrigens kann für die Personalauswahl die Analyse des Persönlichkeitsprofils nach HBDI (oder einem anderen wissenschaftlich basierten Instrument, zum Beispiel DISG) durchaus nützlich sein, um Teams ausgewogen zusammenzustellen. Erfahrungsgemäß arbeiten Teams nämlich erheblich produktiver, wenn in ihnen alle Persönlichkeits- und Lerntypen vertreten sind, als wenn einzelne Typen zu sehr dominieren. So wird es zum Beispiel einem Team, in dem logisch denkende Analytiker überwiegen, möglicherweise an kreativen neuen Ideen fehlen, selbst wenn mit Zahlen, Daten und Fakten korrekt umgegangen wird. Umgekehrt wird es in einem Team, in dem kreative, intuitive und gefühlsbetonte Mitglieder überwiegen, zwar viele Innovationen und unkonventionelle Ansätze geben, aber es wird möglicherweise an einer strukturierten Umsetzung in die Praxis hapern.

Bei den Lerntypen wird außerdem nach den Sinneskanälen unterschieden, mit denen jeweils bevorzugt Informationen aufgenommen werden:

- Visuell Veranlagte präferieren die Aufnahme über das Sehen,
- auditiv Veranlagte bevorzugen das Hören und
- kinästhetisch Veranlagte möchten Dinge in die Hand nehmen und berühren.

Dies kann mit ein wenig Kreativität im Seminar berücksichtigt werden: durch Zeigen von Bildern, durch das gesprochene Wort, vielleicht unterstützt durch Musik, und durch kreative Übungen, in denen die Teilnehmer mit ihren Händen etwas gestalten können, wie das »innovative Badezimmer« beim Personalentwicklungstag des Armaturenherstellers. In Produktionsbetrieben ist es beispielsweise möglich, den Produktionsablauf bei KVP-Maßnahmen nicht nur auf Schaubildern zu zeigen, sondern ihn unter Einsatz von Legosteinen von den Mitarbeitern nachbauen zu lassen, um mögliche Verbesserungen kenntlich zu machen. Diese spielerische, unkonventionelle Herangehensweise an Alltagsaufgaben weckt zudem die Neugier. Die Teilnehmer haben nicht mehr das Gefühl, sie müssten ein Problem lösen – was prinzipiell eher einen unerfreulichen Aspekt hat und leicht Druck erzeugen kann –, sondern ihre Entdeckerfreude ist geweckt und ihr authentisches Verhalten tritt zu Tage.

> »Nichts ist mühsam, was man willig tut.«
> (Thomas Jefferson)

Gehirngerechtes Lernen bedeutet unter anderem suggestopädisches Lernen. Suggestopädie ist eine ganzheitliche Lehr- und Lernmethode, mit der Menschen nicht nur leichter, sondern vor allem mit mehr Freude lernen. Der Begriff Suggestopädie hat nichts mit »suggerieren« zu tun, sondern leitet sich von »to suggest« (vorschlagen) her, denn die Teilnehmer erhalten eine Fülle an Vorschlägen, wie sie mit dem Lernstoff umgehen können. Suggestopädie hat auch nichts mit Tiefenentspannung oder gar Hypnose zu tun. Hier wird keineswegs im Schlaf gelernt. Im Gegenteil: Beim Lernen mit suggestopädischen Methoden sind die Teilnehmer hellwach – wohl aber entspannt.

Beim suggestopädischen Lernen werden alle Sinne in den Lernprozess einbezogen, wobei mit Elementen von Spielen, Musik, Bewegung, Mindmaps und Entspannung gearbeitet wird.

- Der Seminaraufbau folgt dem suggestopädischen Kreislauf: Ankommen/Konzentration – Hinführung zum Thema/Motivation – kognitive Phase/Präsentation – Übungsphase – Anwendungsphase – Integration/Entspannung.
- Ausgewählte Musik dient als Anker für Lerninhalte und sorgt für eine anregende und entspannte Atmosphäre.
- Suggestive Faktoren sind die Arbeit mit Stärken und Zielen sowie der Ausdruck von Akzeptanz, Wertschätzung und Ermutigung.
- Die Lernräume werden anregend gestaltet, indem zum Beispiel Lernposter aufgehängt werden, deren Inhalte sich auf das Seminar beziehen können, aber nicht müssen. Motivierende Lernposter sind visualisiert und enthalten positive ermunternde Sätze.
- Der Rhythmus zwischen Anspannung und Entspannung ist ausgewogen.
- Der Gruppenprozess wird gefördert, indem die Betonung auf den wechselseitigen Austausch der Teilnehmer und das gemeinsame Erleben gelegt wird.

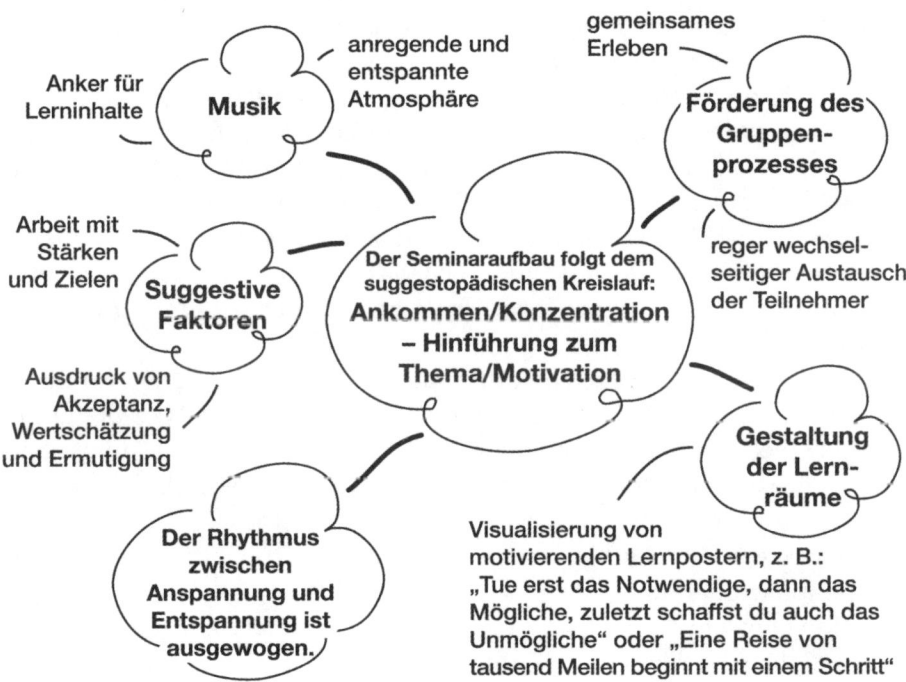

Abbildung 14: Der suggestopädische Kreislauf

Lernerzentrierte Seminarkonzeption

Der Schwerpunkt eines lernerzentrierten Unterrichts liegt im Tun, in der Aktivität, der Teilnehmer. Traditionell ist es eher so, dass der Trainer im Seminar zu aktiv ist und die Teilnehmer zu passiv sind. Das gilt besonders für die Erarbeitungsphase, die sich häufig darauf beschränkt, dass der Trainer vorträgt oder zeigt, wie es (theoretisch) geht, die Teilnehmer dies »abnicken« und höchstens noch eine kurze Übungsphase folgt, bevor das nächste Thema behandelt wird.

In der lernerzentrierten Weiterbildung ist es genau umgekehrt: Die einführende Präsentation des Trainers nimmt nur kurze Zeit in Anspruch, während der Schwerpunkt auf der Erarbeitungsphase durch die Teilnehmer liegt. Dazu ist es notwendig, dass die Teilnehmer zu Beginn des Seminars sehr konkret ihre Erwartungen an die Ziele und Inhalte der Veranstaltung einbringen und damit das Seminar weitgehend mitsteuern. Der Trainer muss die Bedürfnisse der Teilnehmer angemessen berücksichtigen und in geeignete Lernaufgaben übersetzen. Die Lernanlässe beziehungsweise -übungen leiten sich aus der Diskrepanzerfahrung der Teilnehmer zwischen den gestellten Anforderungen im Berufsalltag und den vorhandenen Kompetenzen ab.

Die Übungen sollten so abwechslungsreich und so praxisnah wie möglich gestaltet sein. Außerdem sollte die Art und Weise, wie der Lernstoff vermittelt wird, auf das Niveau der Lerner abgestimmt sein: beispielsweise wird man ein KVP-Training für Fließbandarbeiter anders gestalten als für Führungskräfte. Der vielzitierte Spruch »die Lerner da abholen, wo sie stehen« macht deutlich, dass an die vorhandenen Kompetenzen der Teilnehmer wie auch ihr Lernvermögen unmittelbar angeknüpft werden muss.

Die Übungen sollten sich inhaltlich an Aufgaben orientieren, vor die die Teilnehmer auch in ihrem beruflichen Alltag gestellt sind. Hier bieten sich zum Beispiel – neben vielen anderen Elementen, die im Zusammenhang mit der Zukunftswerkstatt bereits erläutert wurden – Sketche, Rollenspiele und Pantomimen an. Bei Rollenspielen ist es wichtig, dass sie richtig konzipiert werden. Häufig werden verschiedene Rollen an unterschiedliche Seminarteilnehmer vergeben – Rollen, die jedoch gar nicht der Situation in ihrem Arbeitsalltag entsprechen und eher »künstlich« gewählt sind. Folglich ist dann das Verhalten im Rollenspiel in der jeweiligen Situation auch nicht natürlich!

Wenn eine Führungskraft in eine fremde Rolle schlüpfen würde, hätte dies oft keinen Trainingseffekt, weil die Rolle nicht ihrer eigenen Arbeits- und Erlebniswelt entspräche. Trainiert wird in diesem Fall schauspielerisches Können statt authentisches Verhalten. Bei richtig konzipierten

Rollenspielen hat der betreffende Teilnehmer, der ein bestimmtes Verhalten in seinem beruflichen Alltag trainieren möchte, die Möglichkeit, sich ganz natürlich so zu geben, wie er es auch an seinem Arbeitsplatz täte.

> Rollenspiele müssen reale Situationen am Arbeitsplatz abbilden und den Teilnehmern ein natürliches, authentisches Verhalten ermöglichen, anstatt sie schauspielerisch in eine »unechte« Rolle und eine »künstliche« Situation zu versetzen. Nur bei authentischem Verhalten ist nachher der Praxistransfer des Erlernten in den beruflichen Alltag mühelos möglich.

Diese Rollenspiel-Konzeption erfordert einen hohen Einsatz des Trainers, der sich entsprechende Situationen ausdenken und gegebenenfalls selbst eine Rolle übernehmen muss, damit der Trainierte authentisch bleiben kann.

Das integrierte Training beschränkt sich nicht auf Maßnahmen für bestimmte Mitarbeitergruppen, Bereiche oder Hierarchieebenen, sondern sollte in der Lage sein, alle Mitarbeiter so zu trainieren, dass die vom Unternehmen gesetzten Ziele erreicht werden. Daraus ergibt sich ein überaus breites Trainingsspektrum, wobei alle Trainings nach den beschriebenen pädagogischen Kriterien gestaltet sind.

Beispiel Verkaufstraining

Übliche Verkaufstrainings sind meistens zu theoretisch: Da werden zum hundertsten Male die Themen »Einwandbehandlung« und »W-Fragen stellen« behandelt, die alle Verkäufer auf der kognitiven, rationalen Ebene natürlich längst kennen, aber häufig im Alltag dennoch nicht praktizieren.

Der Verkauf ist heute mit einer Situation konfrontiert, die durch ein hohes Maß an Komplexität gekennzeichnet ist. Globalisierung und Internet machen jedem Kunden den Zugriff auf jedes Produkt und jede Information darüber leicht. Dies bringt wachsende Ansprüche der Kunden mit sich. Der Verkäufer fragt sich: Wie reagiere ich, wenn Kunden gut informiert sind und kaum noch Beratung benötigen? Wie reagiere ich, wenn Kunden unter Hinweis auf die Preise der Konkurrenz ein Produkt unbedingt billiger haben wollen? Wie verschaffe ich mir eine Chance zum Verkaufen? Wie gestalte ich eine Erstansprache bei einem Kunden, der nur gekommen ist, um sich »umzuschauen«? Solche Situationen lassen sich in Rollenspielen so bearbeiten, dass der Verkäufer sein persönliches Verhaltensrepertoire erweitern und in alltäglichen Situationen souveräner reagieren, letztlich dann auch den Absatz steigern kann.

Jegliches Verhalten nach außen ist das Spiegelbild der inneren Einstellung. Somit kann eine Verhaltensänderung nur nach Auseinandersetzung mit der persönlichen Einstellung erfolgen. Oftmals begehen Verkäufer den Fehler, sich zu sehr mit ihren Schwächen zu beschäftigen, anstatt sich auf ihre Stärken zu konzentrieren. Eine »Schwäche« ist nicht eine Unkenntnis im Sinne eines Leistungs- oder Lerndefizits, sondern meist ein subjektiv empfundenes emotional-psychologisches Defizit. Der erste Schritt besteht im Training deshalb darin, die persönliche Einstellung zu ändern, und zwar zu sich selbst wie auch zum Kunden.

Im zweiten Schritt wird mit jedem Verkäufer einzeln in einem Rollenspiel eine typische Verkaufssituation nachgestellt, die auf Video aufgezeichnet wird. Das Video-Feedback »ohne Schauspielcharakter« gibt dem Verkäufer die Gelegenheit, sich selbst zu sehen und zu erleben. Es wird vom Trainer mit dem Verkäufer durchgesprochen; zugleich stellt es die Bildungsbedarfsanalyse dar, denn es zeigt, wo sich das Potenzial verbirgt, das es zu entfalten gilt. Nun können in Rollenspielen verschiedene Situationen nachgestellt und das Verhalten korrigiert sowie optimiert werden. Als nächstes erfolgt dann das Training-on-the-Job auf der Verkaufsfläche, wobei der Trainer in »getarnter« Form Verkaufsgespräche mit echten Kunden »belauscht« und nachher wiederum ein Feedback sowie Optimierungshinweise geben kann. Auf diese Weise verbessern sich Schritt für Schritt die Ergebnisse des Verkäufers. Die Verkäufer wünschen sich aufgrund des Seminartransfers natürlich die Beobachtung des Coach und das anschließende Feedback.

Beispiel: Der Verkäufer wird mit der typischen Forderung des Kunden konfrontiert: »Ich möchte diese Hifi-Anlage für den gleichen Preis wie im XY-Markt. Dort zahle ich statt 400 Euro nur 200 Euro.« Vor dem Training reagierte der Verkäufer mit der üblichen Antwort: »Mit diesem Preis können wir nicht mithalten, tut uns leid. Gehen Sie doch lieber zum XY-Markt.«

Nach dem Training reagiert der Verkäufer, indem er das Ansinnen des Käufers als Anlass für ein Verkaufsberatungsgespräch nimmt: »Da haben Sie sich eine tolle Hifi-Anlage ausgesucht. Für welche Zwecke brauchen Sie das Gerät?« Durch diese Frage wird der Fokus vom Preis weg- und zur eigentlichen Nutzung des Produkts hingelenkt. Sobald der Kunde anfängt, seinen Nutzungswunsch näher zu beschreiben, hat der Verkäufer Gelegenheit, eine andere Hifi-Anlage zu empfehlen und vorzuführen: »Wenn Sie die Anlage für den Zweck brauchen, dann empfehle ich Ihnen dieses Gerät hier. Das kommt bei unseren Kunden sehr gut an und wird gerne gekauft.« Der Kunde hat nun die Wahl, ob er ein billiges Gerät bei der Konkurrenz kauft, das nicht so recht seinen Ansprüchen genügt, oder eventuell sogar ein teureres, das aber seinen Bedarf erfüllt.

Diese Verkaufssituation ist heutzutage in vielen Geschäften und Branchen überaus typisch, denn häufig geht es Kunden nur sekundär um den Preis, weil »Schnäppchenjagd« angesagt ist und pausenlos Sonderangebote locken. Weil heute überall mit Billigpreisen geworben wird, geht es vielmehr darum, eine positive Beziehung zum Kunden aufzubauen und ihn zu begeistern, damit er bei dem betreffenden Unternehmen und nicht woanders kauft. Die Frage lautet dementsprechend: Was tut das Unternehmen, um die Kundenbeziehung attraktiv zu halten? Viele Kunden kaufen, weil sie freundlich und kompetent bedient werden, nicht weil die Preise niedrig sind.

Das integrierte Trainingskonzept geht daher noch einen Schritt weiter und bezieht nicht nur die Verkäufer, sondern auch alle anderen Mitarbeiter ins Training mit ein. Denn auch die Schnittstellen zwischen Verkauf, Service, Lager und Auslieferung müssen stimmen. Was nützt es, wenn der Verkäufer ein positives Verhältnis zum Kunden aufgebaut und ihm ein Produkt verkauft hat, der Fahrer, der das Produkt beim Kunden ausliefert, aber einen schlechten Eindruck hinterlässt? Oder die Servicemannschaft Probleme hat, das Produkt termingerecht zu liefern? Dann wird der gute Eindruck, der am Anfang der Kundenbeziehung aufgebaut wurde, gleich wieder zerstört, und es ist fraglich, ob der Kunde noch einmal wiederkommt. Mehr noch: Die bei den Verkäufern erzielten positiven Trainingsergebnisse werden durch ungeeignetes Verhalten anderer Mitarbeiter wieder zunichte gemacht.

Im Falle eines Elektronik-Einzelhandels sind daher außer den Verkäufern auch die Techniker, Service- und Lagermitarbeiter sowie die Auslieferungsfahrer geschult worden. Wenn der Techniker zum Beispiel einen Fernseher aufstellt, schaut er sich beim Kunden um und sieht, was dieser für einen Bedarf haben könnte. Ohne ein formelles Verkaufsgespräch anzufangen, kann er den Kunden auf aktuelle Produkte im Geschäft hinweisen, die einen offensichtlichen Bedarf decken können. Wenn der Fahrer eine Tiefkühltruhe ausliefert, dann ist diese vorher schon mit einer Packung Eis und einem freundlichen Gruß »bestückt« worden, so dass der Kunde angenehm überrascht ist. Die meisten Kunden rufen an und bedanken sich …

Durch umfassende Trainings dieser Art wurde in einem Elektronik-Einzelhandelsgeschäft innerhalb weniger Wochen die Gewinnmarge um sieben Prozent erhöht, was einer fünfstelligen Umsatzsteigerung pro Monat (!) entspricht.

Einzelne Verkäufer erzielten innerhalb dieser sehr kurzen Zeit bereits Umsatzsteigerungen im zweistelligen Bereich. Nach und nach entwickelten die von ihren Erfolgen nun überaus motivierten Mitarbeiter ohne Training eigene kreative Ideen, mit denen sie die Kunden noch mehr begeistern konnten. Beispielsweise arrangierten sie an einem Abend eine Dolby-Surround-Vorführung eines beliebten Spielfilms mit einem Plasmascreen-Fernseher. Eine größere Anzahl von Kunden wurde eingeladen, nach Geschäftsschluss in die Verkaufsräume zu kommen und sich eine Filmvorführung anzuschauen. An diesem Abend fanden bewusst keinerlei Verkaufsgespräche statt – trotzdem stieg der Umsatz nicht nur von Fernsehgeräten in den darauffolgenden Wochen und Monaten merklich an. Diese Initiative ging von den Mitarbeitern selbst aus und nicht etwa von der Geschäftsleitung oder den Trainern. Daran zeigt sich: Eine gelungene Weiterbildungsmaßnahme kann zum »Selbstläufer« werden, weil die Mitarbeiter motiviert sind, eigenverantwortlich, selbstständig und kreativ tätig zu werden.

Die Mitarbeiter des Unternehmens hatten erkannt, dass es heute nicht mehr darum geht, einfach Ware abzuverkaufen, die von einer Zentrale eingekauft wird, sondern darum, eine aktive Beziehung zu den Kunden aufzubauen. Sie entwickelten im Laufe der Zeit sogar ein eigenes Bonussystem, das eine Teamprovision statt Einzelprovisionen einschloss. Es war ihnen klar geworden, dass es auf das Zusammenwirken aller ankommt und Erfolge nur im Team erzielt werden können. Alle profitieren vom Gemeinschaftsgeist. Der Hifi-Anlagen-Verkäufer interessiert sich nun zum Beispiel auch für den Verkauf von Waschmaschinen, der Waschmaschinen-Verkäufer wiederum für den Verkauf von Computern und so weiter.

> »Beginne mit dem, was notwendig ist,
> tue dann dein Möglichstes,
> und plötzlich wirst du das Unmögliche vollbringen.«
> (Franz von Assisi)

Das Beispiel aus dem Verkaufstraining zeigt, welche Kreise ein praxisnah konzipiertes Training ziehen kann, das sich nicht einseitig auf die Wissensvermittlung des Stoffes beschränkt, sondern vor allem das Üben realer Situationen im Arbeitsalltag in den Mittelpunkt stellt. In dem beschriebenen Fall wurde die Personalentwicklung Teil der Organisationsentwicklung, denn dadurch, dass sich die Mitarbeiter weiterentwickelten, konnte das gesamte Unternehmen mit höheren Gewinnen und einer stärkeren Marktpositionierung seine Wettbewerbsfähigkeit verbessern.

Gruppenzentrierte Seminarkonzeption

Zurück zur Konzeption von Seminaren: Jedes Training sollte unterschiedliche soziale Formen des Lernens berücksichtigen. Einzel-, Gruppen- und Plenumsarbeit sollten sich abwechseln. Wichtig ist dabei auch – ähnlich wie bei der Zukunftswerkstatt – eine geeignete und flexibel variierbare Sitzordnung im Seminarraum. Eine Kino- oder U-förmige Bestuhlung, bei der alle in Sitzreihen und Tischen nach vorne ausgerichtet sind, lässt bestenfalls eine Einzelarbeit, aber keine Gruppenarbeit oder spontane interaktive Übungen zu.

Erfolgreiches Arbeiten im Team wird immer wichtiger für den Erfolg im Unternehmen. Die Hierarchien sind deutlich flacher geworden, die Zusammenarbeit in Projekten nimmt überall zu. Je besser die Gruppe zusammenarbeitet, desto erfolgreicher ist auch der Einzelne, wie das Beispiel aus dem Verkaufstraining gezeigt hat. Der Erfolg des Einzelnen ist also auch abhängig von der Leistungsfähigkeit der gesamten Gruppe. Damit sich überhaupt ein Team bilden kann, ist ein gemeinsames Erleben notwendig. Je weniger Menschen zusammen erlebt haben, desto weniger entwickelt sich ein Wir-Gefühl.

Im Training entsteht das Gefühl der Zusammengehörigkeit durch Übungen und Aufgaben, die vom ganzen Team gemeinsam bearbeitet werden müssen. Im Training sollten die Teams immer wieder neu »gemischt« werden, um den Austausch zu intensivieren, die Bildung von Cliquen zu verhindern und alle Persönlichkeitsprofile mit unterschiedlichen Schwerpunkten der Informationsverarbeitung im Gehirn zu berücksichtigen.

Die Lernerfolgskontrolle

Selbstverständlich gehört zum erfolgreichen Lernen auch die Erfolgskontrolle. Im Beispiel des Verkaufstrainings wurde bereits die *Video-Aufzeichnung und -analyse* genannt, die dem Einzelnen aus der Distanz zeigt, wie sein Verhalten auf andere wirkt. Video-Feedbacks sind insbesondere bei Rollenspielen sehr effektiv; häufig sind die Teilnehmer über die Wirkung ihrer Verhaltensweise auf andere sehr überrascht und erkennen erst im Feedback ihre Stärken und Schwächen.

Unabhängig von Rollenspielen sollten jedoch nach allen Übungen Zwischenbilanzen gezogen und den Trainierten ein Feedback gegeben werden. Dies muss nicht unbedingt immer vom Trainer kommen, sondern kann auch von den übrigen Seminarteilnehmern strukturiert gegeben werden.

Um die Nachhaltigkeit des Erlernten sicherzustellen, dienen Teilnehmerunterlagen, die zum Beispiel auch so gestaltet sein können, dass sie Visitenkarten- oder Postkartenformat haben. Auf diese Weise können sie bei der täglichen Arbeit als »Spickzettel« mitgeführt werden, damit sich die Teilnehmer in bestimmten Situationen an das richtige Verhalten erinnern.

Geht es in einem Training um kognitive Elemente, also um Wissensvermittlung, so kann die Erfolgskontrolle statt in Form einer langweiligen Prüfungssituation durch Abfragen der Teilnehmer auch in spielerischer Form geschehen, zum Beispiel als Quiz.

Bei einem Automobilzulieferer sollte festgestellt werden, inwieweit die Inhalte einer längeren Trainingssequenz behalten worden waren. Dafür wurde ein Spiel entwickelt: Alle Standorte des Zulieferers wurden mit Punkten auf einer großen Europakarte markiert. Ähnlich wie beim bekannten Spiel »Trivial Pursuit« wurde eine große Anzahl von Fragen auf farbige Karten geschrieben, wobei die Antworten jeweils auf der Rückseite standen. Die Farben wurden verwendet, um die Fragen thematisch zu bündeln: Enthalten waren neben Fragen zu den Trainingsinhalten (zum Beispiel KVP, Führungsstile) auch Fragen zur Allgemeinbildung und zum Unternehmen selbst.

Die Teilnehmer bildeten mehrere Kleingruppen. Das Ziel bestand darin, jeweils von einer Farbe mindestens drei Fragen richtig zu beantworten. Durch Würfeln konnten die Teilnehmer auf der Karte vorwärts rücken, sobald sie eine Frage richtig beantwortet hatten. Bei den Kleingruppen, deren Ergebnisse von anwesenden Beobachtern ausgewertet wurden, stand wiederum der Teamgedanke im Vordergrund; die Gruppen wurden hierarchieübergreifend zusammengestellt, so dass Bandarbeiter neben Managern saßen. Die Mitarbeiter waren von dem Spiel so begeistert, dass sie Exemplare davon für ihren privaten Gebrauch mit nach Hause nehmen wollten – was leider nicht möglich war.

> Auch die Lernerfolgskontrolle kann ansprechend und in spielerischer Form gestaltet werden, ohne dabei »Prüfungsstress« aufkommen zu lassen.

Zusammenfassung

Die Weiterbildung beim integrierten Training erfüllt folgende pädagogische Kriterien:

- Die Seminare sind *gehirngerecht* konzipiert, das heißt, es werden verschiedene Persönlichkeitsprofile, Lerntypen und Wahrnehmungskanäle angesprochen.
- Die Seminare sind *suggestopädisch* aufgebaut. Das heißt, sie berücksichtigen den Rhythmus von Entspannung und Anspannung, die Lernräume sind ansprechend gestaltet, es wird mit Stärken und Zielen gearbeitet, es werden Akzeptanz und Wertschätzung vermittelt, und die Lerninhalte werden durch spielerische Ansätze verankert.
- Die Seminare werden *teilnehmerzentriert* konzipiert und durchgeführt. Das heißt, im Mittelpunkt stehen die Lernbedürfnisse jedes einzelnen Teilnehmers, die Aktivitäten der Lernenden nehmen den größten Raum ein, und die Themen werden ihrem Leistungslevel angepasst.
- Die Seminare werden *praxisnah* konzipiert und durchgeführt. Das heißt, die Lerner haben ausreichend Gelegenheit, schwierige berufliche Alltagssituationen authentisch zu üben, zum Beispiel in Form von Rollenspielen.
- Das Training ist *integriert,* das heißt, es berücksichtigt neben den zu Trainierenden auch deren Umfeld im Unternehmen, das gegebenenfalls in die Trainings miteinbezogen wird.
- Im Seminar wechseln sich unterschiedliche *soziale Formen* des Lernens (Einzel-, Gruppen- und Plenumsarbeit) ab, wobei der Gruppen- beziehungsweise Teamarbeit eine besondere Bedeutung zukommt.
- Die Übungen und die Atmosphäre im Seminar sind vorzugsweise *kreativ* und *spielerisch,* damit die Teilnehmer sich natürlich verhalten können und keinen Stress empfinden.
- Alle Übungen sowie das ganze Seminar sind konsequent von *Lernerfolgskontrollen* und *Feedbacks* begleitet, die den Teilnehmern nach jeder Phase gegeben werden.
- Wenn die Situation im Seminar ein eher *spiegelndes* und *konfrontatives* Vorgehen erfordert, wird auf suggestopädische Ansätze verzichtet!

10 Mit KVP-Maßnahmen die Organisationsent-wicklung finanzieren

Hoher Nutzen durch kontinuierliche Verbesserung

Einbindung der Mitarbeiter

Tränenüberströmt stand die Produktionsmitarbeiterin im KVP-Workshop vor dem Berater. Man hatte ihr die Aufgabe übertragen, sich innerhalb von 72 Stunden zur Verbesserung eines Produktionsablaufs ein neues Mustergerät zuschicken zu lassen und es zu testen. Das hatte sie nicht geschafft. Kaum ein Lieferant reagiert so schnell und versendet innerhalb von nur drei Tagen ein Gerät, das dann auch noch in einem so kurzen Zeitraum auf seine Eignung hin getestet werden kann. Weil die Mitarbeiterin bei der Erfüllung ihrer Aufgabe »versagt« hatte, musste sie sich dafür vor dem gesamten Produktionsteam vom externen KVP-Berater, den das Unternehmen angeheuert hatte, »herunterputzen« lassen. Anderen Mitarbeitern der Produktion erging es ähnlich; auch sie hatten innerhalb von drei Tagen ihre Aufgaben nicht so erfüllt, wie es der Berater vorgegeben hatte. Das Ganze ist nicht nur ein Beispiel für die falsche Anwendung der goldenen 72-Stunden-Regel (»Beginne mit geplanten Änderungen innerhalb von 72 Stunden, sonst werden sie niemals umgesetzt.«), sondern auch für die völlige Überforderung von Mitarbeitern. Nicht zuletzt ist es ein Beispiel dafür, wie KVP im Unternehmen nicht funktioniert – aber leider ist es kein Einzelfall.

KVP-Prozesse werden sehr häufig von externen Beratern durchgeführt. Der Berater kommt als Produktions- und REFA-Spezialist ins Haus, schaut sich die Produktion an und sieht aufgrund seiner Kenntnisse, wo und wie sich die Herstellungsprozesse optimieren lassen. Anschließend erklärt er in einem Meeting den Produktionsmitarbeitern, wie das abzulaufen hat. Er legt eine Reihe von Power-Point-Folien auf, überfüttert die Mitarbeiter mit abstrakten Fachbegriffen, die sie nicht kennen und unter denen sie sich nichts vorstellen können – »Ishikawa-Diagramm«, »PDCA-Analyse«, »5S« und anderes mehr – und hinterlässt einen Maßnahmenkatalog, was verbessert werden muss.

Wenn es gut läuft, begleitet der Berater die Optimierungsprozesse noch, wobei aber immer nur das umgesetzt wird, was er angeordnet und wozu er bestenfalls die Mitarbeiter überredet hat. Die Produktionsmitarbeiter, die den ganzen Tag am Fließband stehen, haben oft keine Möglichkeit, eigene Ideen und Vorschläge einzubringen, obwohl sie es sind, die aus ihrer täglichen Arbeitspraxis am ehesten sehen und wissen, welche Prozesse sich verbessern ließen. Häufig wird anschließend der begonnene KVP-Prozess nicht mehr weiter fortgesetzt, weil bei den Mitarbeitern keine Motivation dazu besteht. Ist das angesetzte Audit des Kunden vorüber, verfällt man wieder in die alten Verfahrensabläufe, weil die Verbesserungen sowieso nur widerwillig durchgeführt wurden.

Wen wundert es, dass KVP-Maßnahmen oft nur von kurzem Erfolg gekrönt sind, weil die Betroffenen innerlich »mauern«, sich zu Recht arrogant behandelt fühlen und am Ende die von oben angeordneten Maßnahmen höchstens halbherzig umsetzen? Ist dann nach einem gewissen Zeitraum die nächste KVP-Maßnahme im Unternehmen angesagt, so sitzen die Produktionsmitarbeiter schon »mit geballten Fäusten in der Tasche« im Meeting – schon wieder so ein Berater, der alles besser weiß! Wir erleben es häufig, dass aufgrund dieser Situation eine Abwehrfront bei den Mitarbeitern entstanden ist, so dass sie sich erst einmal gegen alle KVP-Maßnahmen wehren und nicht konstruktiv mitmachen wollen.

Dabei können KVP-Trainings doch auch ganz anders ablaufen, wie wir in diesem Kapitel zeigen werden.

KVP kann erfolgreich sein

Empirische KVP-Studien zeigen den enorm hohen Nutzen von KVP im Unternehmen. So belegt die bekannte Agamus-Studie, dass

- 94 Prozent der befragten Unternehmen durch KVP den Ertrag höher als den Aufwand einstufen,
- 98 Prozent ihre Kosten senkten,
- die Kosteneinsparungen meist zwischen 5 und 21 Prozent liegen,
- über 80 Prozent der Unternehmen ihre Bestände reduzieren konnten,
- die Durchlaufzeiten sich bei 94 Prozent der Unternehmen verringern ließen,
- 100 Prozent der Unternehmen Ausschuss und Nacharbeit reduzierten, und zwar um mindestens 10 Prozent.

KVP-Maßnahmen sind hochgradig effizient, wenn sie richtig durchgeführt werden. Es lässt sich nur erahnen, um wie viel höher der Wirkungsgrad wäre, wenn dabei auch das Potenzial der Mitarbeiter richtig genutzt würde. Denn eine der Grundideen des KVP-Konzeptes ist von jeher die Aktivierung des Mitarbeiterpotenzials. Die über Jahrzehnte gewachsenen *tayloristischen Arbeitsstrukturen* haben dazu geführt, dass Mitarbeiter über mangelnde Information und Kommunikation klagen. Zu wenig Partizipation und Eigenverantwortung sowie formalisierte Regeln für Arbeitsabläufe und geringe Handlungsspielräume ersticken die Eigeninitiative der Mitarbeiter. Überzogene Kontrollmechanismen bewirken häufig, dass Probleme auf Ebenen bearbeitet werden, wo sie nicht entstanden sind. Zum Beispiel werden Produktionsprobleme von Führungskräften oder externen Beratern gelöst anstatt von den Mitarbeitern vor Ort.

Zudem sieht jeder Produktionsmitarbeiter aus dem gesamten Produktionsprozess immer nur den winzig kleinen Ausschnitt, den er selbst am Band bearbeitet, aber niemals das Produkt im Ganzen. Wir haben bereits am Beispiel des Automobilzulieferers gezeigt, wie motivierend es auf die Mitarbeiter wirkt, wenn sie das gesamte Produkt – in diesem Fall den produzierten Kleinwagen in einem Film sowie in einer Werksbesichtigung beim Autohersteller – sehen und erleben können (siehe Kapitel 8). Auf diese Weise verstehen die Mitarbeiter nicht nur die Produktionszusammenhänge besser, sondern sind auch motivierter, Qualität zu produzieren. Bei einem Automobilzulieferer konnte bekanntlich die PPM-Quote (Fehler pro Millionen Teile) auf null Prozent abgesenkt werden (siehe Kapitel 8, Abbildung 8).

Die KVP-Philosophie

Der kontinuierliche Verbesserungsprozess (KVP) ist eine Methode für Mitarbeiter- und prozessorientierte effizienzsteigernde Veränderungen von Organisationen auf allen Ebenen. Eingeführt wurde er als Erstes in der Automobilindustrie, wo er noch heute am intensivsten praktiziert wird. Nur zirka ein Viertel der mittelständischen Unternehmen anderer Branchen befasst sich mit KVP – in Anbetracht der enorm positiven Auswirkungen ist das nur schwer verständlich. Beispielsweise könnten nicht nur in der Produktion, sondern auch in der Verwaltung (Büroorganisation, Bürokratie) hohe Kosten eingespart werden, wenn man dort KVP praktizieren würde.

KVP liegt eine Philosophie zugrunde, die sich in sechs Stichworten beschreiben lässt:

- Verbesserungs- und Nachhaltigkeitsorientierung,
- Mitarbeiterorientierung,
- Prozess- und Ergebnisorientierung,
- Qualitätsorientierung,
- Kundenorientierung,
- Transparenz- und Faktenorientierung.

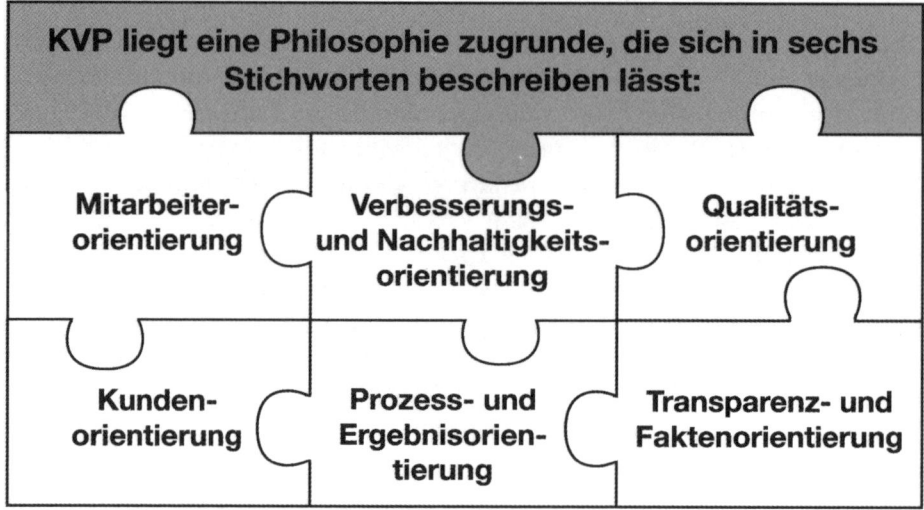

Abbildung 15: Die KVP-Philosophie

Im Hinblick auf die *Verbesserungs- und Nachhaltigkeitsorientierung* sind keine revolutionären Innovationen nötig, vielmehr werden Veränderungen in kleinen Schritten und ausgehend vom bestehenden System angestrebt. Wichtig ist, dass die einmal eingeführten Verbesserungen nachhaltig praktiziert und nicht etwa nach einer Anfangseuphorie wieder fallen gelassen werden. Nur wenn die Verbesserungen beibehalten werden, sind sie wirksam und im Sinne der Kontinuität des Prozesses wiederum Anlass, den erreichten Status quo weiter zu optimieren.

Den Mitarbeitern muss die Möglichkeit gegeben wird, sich aktiv in die KVP-Maßnahmen einzubringen. Dafür muss nicht in teure und moderne Produktionsmittel investiert werden, sondern in die Entfaltung des menschlichen Potenzials.

Der Wandel muss in den Köpfen stattfinden, und zwar in allen – auch in denjenigen der Führungskräfte. Kick-off-Veranstaltungen mit Führungskräften machen Sinn, und zwar auch mit Fragestellungen, warum der Prozess erfolgreich sein oder scheitern wird. Dazu bedarf es der Bereitschaft und der Fähigkeit der Führungskräfte, das kreative Potenzial der Mitarbeiter methodisch zu nutzen und Bedingungen zu schaffen, unter denen Menschen Spaß an ihrer Arbeit haben und Anerkennung für ihre Leistung erhalten.

Ein Prozess wird nach DIN EN ISO 9000 definiert als »ein Satz von in Wechselbeziehungen oder Wechselwirkung stehenden Tätigkeiten, der Eingaben in Ergebnisse umwandelt«. Generell sind alle Arbeitsabläufe

Prozesse, die aus Eingaben (zum Beispiel Material), Tätigkeiten und Ergebnissen (Produkten) bestehen. Den an den KVP-Maßnahmen Beteiligten sollte verdeutlicht werden, dass jeder Prozess ein Ziel beziehungsweise Ergebnis hat. Nur wenn das Ziel klar ist, ist auch die Richtung klar.

KVP beinhaltet eine unternehmensweite Verpflichtung zur Qualität: Alle Unternehmensbereiche verpflichten sich zur permanenten *Qualitätsverbesserung.* Bei der Definition von Qualität reicht die Beschränkung auf Produkte nicht aus, vielmehr sollte auch die Kundenbeziehung mit Aspekten wie Service, Pünktlichkeit, Just-in-Time-Lieferung und so weiter einbezogen werden.

Die *Kundenorientierung* bezieht sich nicht nur auf externe Kunden als Abnehmer der Produkte, sondern auch auf interne Kunden. Den Mitarbeitern sollte klar werden, dass andere Personen und Bereiche, denen sie mit ihren Leistungen zuarbeiten, als »interne Kunden« zu behandeln sind.

Transparenz wird geschaffen, indem offen gelegt wird, wo im Produktionsablauf Zeit, Bewegungen, Material oder Raum verschwendet werden. Die *Faktenorientierung* besagt, dass identifizierte Probleme und erkannte Verschwendungen mittels Messgrößen bestimmt und dargestellt werden. Dadurch können Zielsetzungen und Verbesserungsvorhaben klar und präzise formuliert werden.

Das zentrale Anliegen von KVP ist die Reduzierung von *Verschwendung,* die sich oft in den nicht wertschöpfenden Arbeitsschritten verbirgt. Kunden zahlen letztlich nur für die Wertschöpfung, also diejenige Arbeit, die den Wert eines Produkts erhöht. Es gibt acht Arten von Verschwendung:

- *Überproduktion:* Es wird ein zu hohes Volumen gefertigt (Blindleistungen).
- *Lagerhaltung:* Es wird zu viel Material bevorratet.
- *Transport:* Die Transportwege zwischen den Arbeitsschritten sind zu lang oder schlecht organisiert.
- *Warte- und Liegezeiten:* Informationen, Material oder Betriebsmittel sind nicht rechtzeitig verfügbar, so dass Liegezeiten für Material oder Wartezeiten für Mitarbeiter entstehen.
- *Bewegung:* Die Mitarbeiter vollziehen während der Arbeit überflüssige oder ergonomisch unvorteilhafte Bewegungen.
- *Überflüssige Verarbeitungsschritte:* Manche Schritte können bei besserer Organisation des Arbeitsprozesses eliminiert werden.
- *Nachbesserung:* Fehlerhafte Teile müssen nachträglich korrigiert werden.
- *Ungenutzte Kreativität:* Die Mitarbeiter können, wollen oder dürfen keine eigenen Verbesserungsvorschläge einbringen.

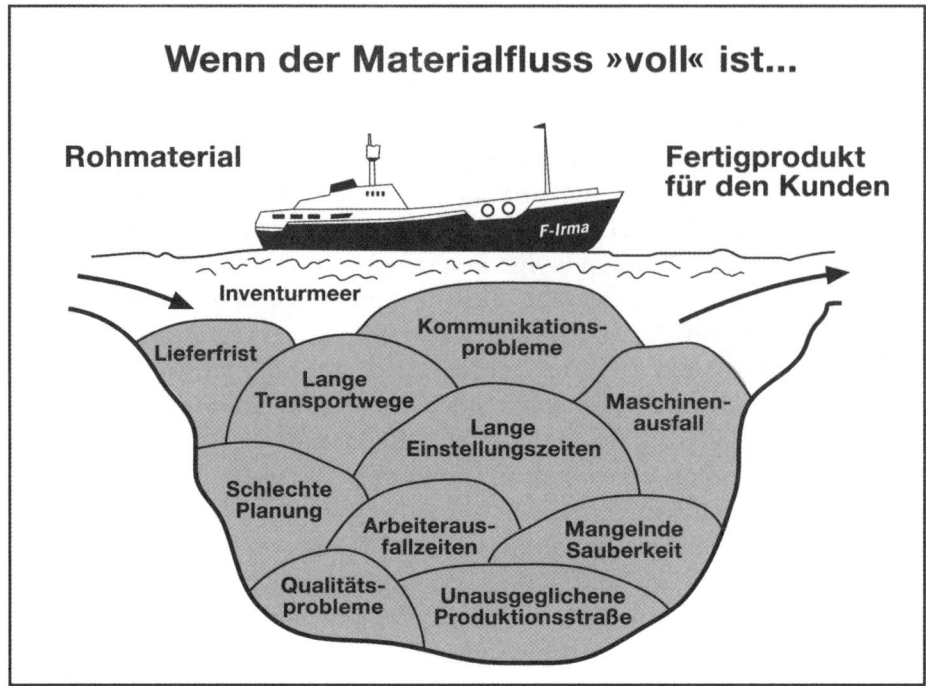

Abbildung 16: Wenn der Materialfluss »voll« ist

Integriertes KVP-Training

Ein wirkungsvolles KVP-Training, das die beschriebene Philosophie zugrunde legt und dabei insbesondere großen Wert auf die Mitarbeiterorientierung legt, geht anders vor als im anfänglichen Beispiel beschrieben. Zunächst wird der Produktionsablauf von einem Betriebspädagogen in Zusammenarbeit mit einem KVP-Spezialisten untersucht. Während der Betriebspädagoge die Unternehmenskultur mit ihren Stärken und Schwächen erspürt und untersucht, gegebenenfalls unterstützt durch Interviews mit einigen Mitarbeitern, ermittelt der KVP-Spezialist die Stärken und Schwächen in der Prozesskette des Produktionsablaufs.

Als nächstes werden, wie in Kapitel 6 erläutert, die übergeordneten Ziele der KVP-Maßnahme gemeinsam mit der Geschäftsführung festgelegt und allen Mitarbeitern sowie Führungskräften in einer geeigneten Veranstaltung, zum Beispiel in Form eines Kick-offs, nahe gebracht. Diese Veranstaltung hat den Sinn, alle Mitarbeiter zu informieren und zur Teilnahme zu motivieren. Den Teilnehmern wird zugesichert, dass die Einsparpotenziale, die sich aus den Verbesserungsmaßnahmen ergeben werden, nicht zu Entlassungen im Unternehmen führen werden. Dies ist eine der großen Befürchtungen von Mitarbeitern, die oft aus verständlichen Existenzängsten heraus die Mitarbeit im KVP-Bereich boykottieren. Bekanntlich kann man mit Gänsen nicht über Weihnachten diskutieren. Deshalb ist es wichtig, dass die Mitarbeiter von Anfang an wissen, dass niemand um seinen Arbeitsplatz zu bangen braucht. Es geht um die Optimierung oder Finanzierung eines Organisationsentwicklungs- beziehungsweise Personalentwicklungs-Konzepts.

Die engagierte Mitarbeit aller am KVP-Prozess wird durch eine symbolische Handlung bekräftigt. In einem Unternehmen wurde dem KVP-Prozess beispielsweise der griffige Name »Give me Five« gegeben, und zum Start tauchten alle Mitarbeiter jeweils eine Hand in einen Farbtopf und hinterließen einen Abdruck auf einer großen Tafel, die später gut sichtbar aufgestellt wurde. Damit bekundeten sie ihre Bereitschaft, für den bevorstehenden Prozess alles zu geben sowie aktiv und qualitätsverantwortlich mitzuarbeiten.

> »Manche Menschen träumen vom Erfolg.
> Andere sind wach und arbeiten hart daran.«
> (Quelle unbekannt)

Die sich nun anschließenden KVP-Prozesse werden so gestaltet, dass der Produktionsablauf nicht unterbrochen wird. In Abständen von vier bis fünf Wochen werden innerhalb eines Jahres die KVP-Workshops durchgeführt, die jeweils eine Arbeitswoche dauern, je nach Zielsetzung aber auch kürzer sein können.

KVP-Workshops mit Produktionsmitarbeitern

Die KVP-Workshops sind in sieben Phasen unterteilt:

1. Teambildung
2. Produktionsstättenanalyse
3. Gemeinsame Zielformulierung
4. Auswertung
5. Umsetzung/Umbau
6. Probelauf
7. Präsentation

Einer der wichtigsten Schritte ist die *Teambildung* zu Anfang der Zusammenarbeit. Im integrierten Training wird Wert darauf gelegt, dass jedes Team heterogen zusammengesetzt ist, also nicht einseitig nur aus Produktionsmitarbeitern oder Führungskräften besteht. Die Gruppen sollten hierarchie- und ebenenübergreifend gebildet werden. So können in einem Team ein bis zwei Führungskräfte, drei bis vier Produktionsmitarbeiter, ein bis zwei Verwaltungsangestellte und eine weitere Person, die nichts mit dem Produktionsprozess zu tun hat (zum Beispiel eine Personalreferentin), zusammenarbeiten. Es ist wichtig, dass auch Mitarbeiter im Team sind, die nicht in der Produktion beschäftigt sind, da sie die Prozesse unbefangen sehen und nicht der üblichen »Betriebsblindheit« unterliegen, die man automatisch entwickelt, wenn man lange Zeit dieselben Tätigkeiten verrichtet. Auch ist es bedeutsam, dass so viele unterschiedliche Denkweisen wie möglich eingebracht werden, um unter vielen möglichen Lösungen später die beste herauszufinden. Um die »bunt zusammengewürfelte« Gruppe zu einem Team zusammenzuschweißen, werden am ersten Tag (Montag) zunächst einige lockere und humorvolle Kennenlern- und Teamspiele durchgeführt. Gleichzeitig werden dabei Regeln für die gemeinsame Arbeit im Team festgelegt und verschiedene Aufgaben an die Teammitglieder verteilt; so wird beispielsweise gemeinsam abgestimmt, wer für die Einhaltung der Regeln sorgen wird.

Gewinn durch KVP-Workshops

Teamwork
Jeder ist in der Lage mitzumachen, um Verbesserungen zu bewirken

Kommunikation
Bessere Abstimmung zwischen Gleichrangigen und zwischen MA aus der Produktion

Qualifikation
Bessere Möglichkeiten, Probleme effizient zu lösen

Bewusstsein
Allgemein verbessertes Verständnis von Kernfragen und Unternehmenszielen

Befähigung
Höheres Maß an Kontrolle über die Aufgaben und die Arbeitsumgebung

Vertrauen
Stärkeres Selbstwertgefühl aller MitarbeiterInnen

Abbildung 17: Gewinn durch KVP-Workshops

KVP-Werkzeuge gehirngerecht und lernerzentriert vermitteln

Am Nachmittag des ersten Tages wie auch im Verlaufe des zweiten und dritten Tages werden die Teammitglieder mit den Grundgedanken des KVP-Prozesses und mit den gängigen KVP-Werkzeugen vertraut gemacht:

- Wie läuft der PDCA-Zyklus ab (Plan, Do, Check, Act – die vier Phasen des KVP-Prozesses)?
- Wie erstellt man ein Fischgräten-Diagramm?
- Wie führt man eine Fehlermöglichkeits- und Einflussanalyse (FMEA) durch?
- Wie führt man eine Fehlerabsicherung (Poka-Yoke) durch?
- Wie wendet man die 5 S (Auswählen/Aussortieren, Ordnen, Reinigen, Ausbreiten, Systematisieren) am Arbeitsplatz an?
- Wie führt man eine Ursachenanalyse mit den 5-Warum-Fragen durch?
- Wie erstellt man einen Maßnahmenplan? Und so weiter.

Ganz wichtig ist es, KVP pädagogisch so zu vermitteln, dass es dem Lernniveau der Teilnehmer entspricht. Dazu eignen sich praxisnahe, kreative und spielerische Übungen, die einen Bezug zum Lebensalltag der Mitarbeiter herstellen.

Anstatt also »abstrakte« Erklärungen zu geben, worum es sich jeweils handelt, werden die KVP-Prinzipien, -Werkzeuge und ihre Anwendung spielerisch eingeführt und eingeübt, und zwar anhand typischer Alltagssituationen, die den Erlebnischarakter gegenüber dem reinen Wissenscharakter in den Vordergrund stellen. Beispielsweise kann der Unterschied zwischen wertschöpfender und nicht wertschöpfender Tätigkeit eines Unternehmens den Teilnehmern anhand ihres eigenen Verhaltens als »Döner-Käufer« klargemacht werden.

Ja/ Nein	Was sind Sie bereit zu zahlen, wenn Sie ein Döner bestellen?
	Gebackener Teig/Fladenbrot
	Scharfe Soße
	Gemischte Füllung
	Auf den Boden gefallene Füllung
	Heizenergie für den Grill

	Stundenlohn für den Döner-Verkäufer
	Fahrtkosten bei größeren Bestellungen
	Tägliches Reinigen der Imbiss-Fläche
	Private Auslandsgespräche des Personals

Produktionsstättenanalyse

Am Dienstag geht das gesamte Team gut gelaunt und bestens informiert mit dem KVP-Moderator in die Produktion und führt eine Analyse durch, um Verschwendungen aufzudecken. Dabei wird außer mit Formblättern auch mit Stoppuhr und Video gearbeitet. Das ganze Team arbeitet hier zusammen. Jeder darf und soll auch die Arbeitsplätze der Kollegen in der Produktion analysieren, anstatt sich nur auf den eigenen Arbeitsplatz zu beschränken. Der Betriebsrat und alle Mitarbeiter sind informiert und beteiligt worden.

Natürlich kommt es vor, dass der KVP-Experte Verschwendungen entdeckt, die den Mitarbeitern entgehen. Anstatt entsprechende Verbesserungen einfach anzuordnen, ist es viel geschickter, durch Fragen die Aufmerksamkeit der Mitarbeiter auf das Problem zu lenken, so dass sie selbst erkennen, was sich verbessern lässt.

Auswertung der Analyse und gemeinsame Zielformulierung

Am Mittwoch folgt eine intensive Diskussion der ermittelten Verschwendungsarten und der möglichen Lösungen zur Beseitigung. Auch hier stehen kreative Methoden wie Brainstorming im Vordergrund, um die Motivation der Teilnehmer zu erhalten. Systematisch werden Zeiterfassungsbögen, Arbeitsverteilung, Standort-Arbeitsblätter und so weiter ausgewertet und eine Ursachenanalyse durchgeführt.

Am Ende des Tages wird ein Maßnahmenplan zur Verbesserung des Produktionsablaufs beschlossen. Es ist wichtig, dass die Teilnehmer sich als Team gemeinsam auf die Ziele und Maßnahmen einigen und nicht das Gefühl haben, sie würden ihnen vom KVP-Experten aufgedrängt oder vorgeschrieben. Der KVP-Trainer tritt hier als Moderator auf, nicht als Lehrer und »Besserwisser«.

Umsetzung der Maßnahmen / Umbau der Produktion

Es wird festgelegt, wann, wo und wie die Produktion umgebaut wird. Häufig werden bereits in der Nacht von Mittwoch auf Donnerstag während der Nachtschicht die entsprechenden technischen Umbaumaßnahmen eingeleitet und durchgeführt. Direkt im Anschluss werden Funktionsprüfungen und Testläufe gefahren.

Der Probelauf

Am Donnerstagmorgen findet der Probelauf mit den Produktionsmitarbeitern statt. Sie haben eine Stunde Zeit, um sich an den veränderten Prozess zu gewöhnen. Der Prozess wird zwei bis drei Stunden lang vom KVP-Experten begleitet, wobei nachgerichtet und korrigiert wird, sofern es erforderlich ist. Im Anschluss wird sofort eine grobe Zeitstudie erstellt, in der die erzielten Einsparungen kalkuliert und auf ein ganzes Jahr hochgerechnet werden.

Präsentation

Am Freitag wird von den Teammitgliedern eine Dokumentation erstellt, um die Prozessveränderungen und die Ergebnisse schriftlich festzuhalten und anschließend dem Management zu präsentieren. Auch hier agiert der KVP-Experte nur als Moderator, denn Dokumentation und Präsentation müssen vom Team eigenverantwortlich und selbstständig erarbeitet werden; der KVP-Berater präsentiert nicht. Der Höhepunkt ist schließlich die Präsentation vor den Führungskräften selbst: Die Mitarbeiter präsentieren manchmal ein wenig ängstlich, sind aber immer auch sehr stolz darauf, die Resultate ihres Verbesserungsprozesses den Führungskräften zu unterbreiten.

Damit die Führungskräfte in solchen Situationen positiv reagieren, werden sie gegebenenfalls vorher sensibilisiert, wie sie mit »Enttäuschungen« ihrerseits umgehen. Es ist wichtig, dass die erbrachten Leistungen der Mitarbeiter vom Management wertgeschätzt werden. Eine positive Reaktion der Führungskräfte erhält die Motivation der Mitarbeiter für den weiteren kontinuierlichen Verbesserungsprozess, während eine negative Reaktion dieses Engagement zunichte machen würde.

> *»Mit nur negativem Feedback lässt sich niemand zu*
> *einem positiv denkenden und handelnden Menschen erziehen.«*
> *(Gerry Jampolsky)*

Train the Trainer

Im Trainingsbereich wird häufig vergessen, dass es wichtig ist, dass die Trainierten lernen, eigenständig zu handeln und nach absehbarer Zeit ohne Training auszukommen. Letztlich sollten sich die Trainer also selbst entbehrlich machen. Hier hilft das Prinzip »Train the Trainer«, das heißt, Mitarbeiter des Unternehmens, speziell Teamleader der Produktion, werden selbst zu KVP-Trainern ausgebildet, damit sie wiederum ihre Kollegen schulen. Dies bietet sich insbesondere dann an, wenn die Anzahl der zu trainierenden Mitarbeiter sehr groß ist. So lebt KVP weiter und stoppt nicht – wie oft bei beraterorientierten Projekten – wenn die Berater wieder fort sind.

Visuelles Management

»Ein Bild sagt mehr als tausend Worte« – diese Redensart ist uralt und wird dennoch oft nicht beherzigt. Zum KVP-Prozess gehört auch das sogenannte *visuelle Management*. Darunter ist die Nutzung visueller Hilfsmittel (Grafiken, Symbole, Bilder, Fotos et cetera) zu verstehen, die Produktionsabläufe und Tätigkeiten veranschaulichen. Visuelles Management erleichtert es Führungskräften und Mitarbeitern gleichermaßen, sich schnell einen Überblick über alle wichtigen Prozesse vor Ort – also am jeweiligen Arbeitsplatz – zu verschaffen. Visualisiert werden zum Beispiel:

- Abläufe (Produktions- und Planungsprozesse),
- Ziele (Ergebnis-, Prozess- und Verhaltensziele),
- standardisierte Vorgehensweisen und
- geplante Maßnahmen.

In der Automobilindustrie wird das visuelle Management schon weitgehend an allen Arbeitsplätzen in der Produktion eingesetzt, in vielen anderen Branchen aber leider noch nicht – obwohl viele Vorteile offensichtlich sind:

- Es erleichtert den Zugang zu arbeitsplatzspezifischen Informationen,
- Fortschritte lassen sich darstellen,
- Probleme und Schwachstellen werden frühzeitig erkannt,
- Arbeitsergebnisse lassen sich anhand von Bildern überprüfen,
- die Selbstverantwortung der Mitarbeiter wird erhöht,
- Ergebnisse und Probleme können mit verantwortlichen Mitarbeitern diskutiert werden.

Die Visualisierung von Produktionsabläufen und Tätigkeiten ist gehirngerecht und für alle Mitarbeiter verständlich. Unabhängig von kulturellen und sprachlichen Barrieren zeigen Schautafeln an jedem Arbeitsplatz dem Mitarbeiter, was von ihm erwartet wird und wie das Arbeitsergebnis jeweils aussehen soll.

Die Visualisierung ist dann gelungen, wenn selbst Außenstehende ohne Vorkenntnisse die dargestellten Informationen auf Anhieb nachvollziehen können. Dies kann als Test verwendet werden, inwieweit eine Visualisierung gelungen ist.

Visuelles Management lässt sich kreativ auch in anderen Bereichen als der Produktion einsetzen. Wie in Kapitel 8 beschrieben, wurde es vom Automobilzulieferer beispielsweise verwendet, um die Ergebnisse der Auswertung einer Fragebogenaktion für alle Mitarbeiter zu veranschaulichen. Überall dort, wo viele verschiedene Menschen gleichzeitig an einem Prozess zusammenarbeiten, ist die Visualisierung hilfreich.

Mitarbeiter werden zu UvOs

Im integrierten Training wird großer Wert darauf gelegt, dass Mitarbeiter selbstständig und eigenverantwortlich handeln, unabhängig von der Hierarchieebene, auf der sie sich befinden. Nicht nur Führungskräfte, sondern genauso gewerbliche Mitarbeiter am Fließband und alle übrigen Beschäftigten sollten in die Lage versetzt werden, in ihrem Arbeitsbereich selbst die Verantwortung für ihr Tun zu übernehmen. Dies ist nicht nur für das Gelingen des kontinuierlichen Verbesserungsprozesses, sondern für die Organisations- und Personalentwicklung essenziell.

Eigenverantwortliches Handeln wird durch Weiterbildungsmaßnahmen erreicht, die den Teilnehmer in den Mittelpunkt des Seminars stellen und ihn schrittweise anhand praxisnaher Übungen zur selbstverantwortlichen Problemlösung hinführen. Die entsprechenden pädagogischen Kriterien dazu wurden im letzten Kapitel erläutert. Anhand unserer Erfahrung ist es mit einer motivierenden und kreativen Pädagogik einfach – wenn auch nicht immer leicht –, Mitarbeiter zur konstruktiven Mitarbeit zu bewegen. Denn sie wollen es im Grunde. Sie sind nur über Jahre und Jahrzehnte – vor allem in Folge der tayloristischen Arbeitsteilung – an die »Bevormundung« durch Vorgesetzte so gewöhnt, dass sie zuerst lernen müssen, auf eigenen Füßen zu stehen.

Wichtig ist in diesem Zusammenhang auch die Schulung von Führungskräften, die durch Anwendung situationsspezifischer und jeweils geeigneter *Führungsstile* dazu beitragen sollten, dass die Mitarbeiter ihr Potenzial entfalten können. Nicht alle Mitarbeiter sollten gleich behandelt, sondern je nach ihrem Kenntnisstand und Vermögen eher dirigiert oder eher unterstützt werden (siehe Kapitel 14).

> Wir müssen das jahrhundertealte System der »Bevormundung« von Mitarbeitern als vermeintlich »unmündige« Menschen verlassen. Nur mit eigenverantwortlich und selbstständig denkenden und handelnden Mitarbeitern auf allen Ebenen und in allen Bereichen können sich Unternehmen und Organisationen heute noch weiterentwickeln.

»Wenn der Mensch alles leisten soll, was man von ihm fordert,
so muss er sich für mehr halten.«
(Johann W. von Goethe)

Für den eigenverantwortlich denkenden und handelnden Mitarbeiter haben wir in einigen Teams ein Schlagwort geprägt: Wir nennen ihn »UvO« – *Unternehmer vor Ort*. Der Mitarbeiter denkt und handelt unternehmerisch, und zwar direkt an seinem Arbeitsplatz.

Nicht alle Mitarbeiter werden leicht und schnell zu »UvOs«. Menschen mit einem gewissen Bildungsgrad sind eher dafür zu gewinnen als gewerbliche Mitarbeiter am Fließband. Viele haben keine abgeschlossene Schul- oder Berufsausbildung und sind herkömmlichen Bildungsmaßnahmen gegenüber wenig aufgeschlossen. Hinzu kommt, dass sich akademisch ausgebildete Trainer häufig schwer tun mit der Schulung der Arbeiter, und sie deshalb sogar vermeiden. Nur in wenigen Betrieben haben die gewerblichen Mitarbeiter überhaupt die Chance zur regelmäßigen Weiterbildung, weil meist nur die höheren Ebenen trainiert und fortgebildet werden. Der Preis, den Unternehmen dafür zahlen, das Potenzial dieser Menschen nicht zu entfalten, ist hoch: geringere Qualität der Produkte, viele Fehler und viel Ausschuss, ein hohes Maß an Verschwendung in allen Bereichen – eben all die Dinge, die durch KVP verbessert werden können, sofern die Mitarbeiter dafür gewonnen und nicht dabei übergangen werden.

Abbildung 18: Der Mitarbeiter wird zum UvO – zum »Unternehmer vor Ort«

Hinzu kommt die Problematik, mit der wir es heute in der Produktion bei mittelständischen Unternehmen zu tun haben: Da arbeiten Menschen aus mehr als 30 Nationen an einem Fließband – Männer und Frauen, Ausländer und Deutsche und manchmal sogar Mitglieder verfeindeter Kulturen. Was kann man tun, wenn der Serbe nicht mit dem Kroaten zusammenarbeiten will, weil der in der Vergangenheit »unser Dorf angesteckt« hat? Natürlich war es nicht »derselbe« Kroate, der nun als Kollege am Fließband steht, sondern ein anderer. Was kann man tun, wenn Männer aus islamischen Kulturkreisen Frauen am Fließband nicht als gleichberechtigte Kolleginnen akzeptieren wollen? Hier gibt es viel Konfliktpotenzial, das immer wieder behutsam ausgeräumt werden muss, um die Einsicht aller Beteiligten in die Situation zu fördern.

Ein weiteres Problem ist, dass sich am Fließband beispielsweise auch hochgebildete Menschen aus Osteuropa finden, die in ihrem Land eine exzellente Ausbildung absolviert haben, welche aber leider in Deutschland nicht anerkannt wird, so dass sie gezwungenermaßen eine Tätigkeit ausüben müssen, für die sie völlig überqualifiziert sind. Die Chance, einen anderen adäquaten Arbeitsplatz zu bekommen, ist für sie häufig gleich null. Diese gebildeteren Menschen haben außerordentliche Schwierigkeiten mit Kollegen klarzukommen, deren Sozialverhalten aufgrund ihres Bildungsniveaus und ihrer Herkunft oft anders ist.

All diese Probleme treten natürlich bei KVP-Teamtrainings – wie auch in der täglichen Zusammenarbeit am Fließband – zu Tage und sind im Grunde nur mit einfühlsam gestalteten Trainings zu lösen, die jedem Teilnehmer vor allem immer wieder eines vermitteln: Wertschätzung seiner Person und seiner Arbeit. Manches Problem lässt sich mit Mediation und Aufklärung lösen, und manche praxisnahe spielerische Übung schafft die notwendige »Brücke«, um den Kollegen aus dem anderen Land ebenso zu verstehen wie das Ziel der Geschäftsleitung, die Produktionsprozesse nach KVP zu optimieren. Wenn Mediation und Aufklärung nicht funktionieren, können zuweilen auch Härte und Strenge angesagt sein – im Klartext: Es ist eine Trennung von den Mitarbeitern erforderlich, die sich absolut nicht in das Team einfügen wollen.

Arbeiten wie Pferde und verdienen wie Ponys – Sorgen und Nöte gewerblicher Mitarbeiter

Gewerbliche Mitarbeiter haben oft Existenzängste. Einkommensmäßig häufig am unteren Ende der Skala angesiedelt und meist ohne Aufstiegschancen, müssen sie zugleich immer wieder um ihre Entlassung bangen, da sie häufig die Ersten sind, die gehen müssen. Ein Arbeiter brachte dies einmal mit den Worten zum Ausdruck: »Wir arbeiten wie Pferde und werden bezahlt wie Ponys.« Zudem müssen und wollen viele von ihnen mit ihrem geringen Einkommen den Rest ihrer Familie im Ausland versorgen. Sie haben daher andere Sorgen, als sich für KVP-Maßnahmen zu engagieren. Es wäre ihnen lieber, ein paar bezahlte Überstunden zu machen, als in einem KVP-Workshop »herumzusitzen« und sich über Produktionsprozesse den Kopf zu zerbrechen.

Ein KVP-Trainer versuchte einmal, einen 48-jährigen Produktionsmitarbeiter, der zunächst für KVP-Maßnahmen überhaupt nicht aufgeschlossen war, für eigenverantwortliches Handeln am Arbeitsplatz als »UvO« zu gewinnen. Der folgende Dialog zeigt, dass dies leichter möglich ist, wenn man einen Bezug zu den Lebensbereichen solcher Mitarbeiter herstellt und ihnen anhand dessen demonstriert, dass KVP nichts Abgehobenes ist.

Mitarbeiter (vorwurfsvoll): »*Was wollen Sie von mir? Ich arbeite, das ist doch ausreichend.*«

Trainer: »*Ab morgen werden Sie Unternehmer!*«

Mitarbeiter: »*Ich bin kein Unternehmer, ich bin Maschinist.*«

Trainer: »*Was machen Sie privat?*«

Mitarbeiter: »*Ich bin hier zum Arbeiten und schicke das verdiente Geld nach Hause.*«

Trainer: »*Wo wohnt Ihre Familie?*«

Mitarbeiter: »*In Istanbul.*«

Trainer: »*Ah, schöne Stadt! Fahren Sie im Urlaub nach Hause?*«

Mitarbeiter: »*Ja, klar. Ich habe eine Ferienwohnung in Istanbul.*«

Trainer: »*Was machen Sie mit der Ferienwohnung, wenn Sie hier arbeiten?*«

Mitarbeiter: »*Vermieten.*«

Trainer: »*Wo kriegen Sie die Leute her, um die Wohnung zu vermieten?*«

Mitarbeiter: »*Ich mache Werbung.*«

Trainer: »*Aha – dann sind Sie also doch Unternehmer!*«

In dem Dialog wurde dem Mitarbeiter klar, dass er in seinem privaten Bereich ganz selbstverständlich unternehmerisch handelt und dies nur auf seinen Arbeitsplatz zu übertragen braucht. Das ist ein Beispiel dafür, wie gewerbliche Mitarbeiter für ein Engagement am Arbeitsplatz zu gewinnen sind, wenn ihnen dies anhand alltagsnaher Situationen verdeutlicht wird.

Wenn KVP-Schulungen jedoch theoretisch und langweilig sind und – wie im Beispiel zu Anfang des Kapitels beschrieben – völlig an ihnen vorbei- sowie über sie hinweggehen, ist die Chance, KVP im Unternehmen zu installieren, gleich null. Hier können nur Schulungen greifen, die praxisnah, lebendig, humorvoll, teamorientiert und außerdem so verständlich sind, dass die Mitarbeiter die KVP-Werkzeuge selbst bei geringen Deutschkenntnissen anschließend einsetzen können und sie ihnen persönlich etwas bringen. Das heißt, bei gestiegenem Qualitätsbewusstsein können die Mitarbeiter an einer Qualitätsprämie beteiligt werden. Dies ist im Grunde auch ein Ansatz, mit dem der übliche Akkordlohn ersetzt werden kann durch Mitarbeiterbeteiligungen und eine eher leistungsbezogene Bezahlung. Der Akkordlohn hat den Nachteil, dass durch seine Ausrichtung auf Produktion in der *Masse* die Fehlerfreiheit der produzierten Teile vernachlässigt wird; damit widerspricht oft die Bezahlung nach Akkord im Grunde dem KVP-Gedanken.

Controlling: Durch KVP-Workshops und UvOs erzielte Einsparungen

Dass KVP hochgradig effizient sein kann, wurde bereits mehrfach hervorgehoben. Hier einige Beispiele für die Einsparungen, die mit lediglich jeweils einem einzigen KVP-Workshop und mit der Ausbildung der Mitarbeiter zu UvOs erzielt wurden:

Art des Unternehmens	Art der KVP-Maßnahme	Höhe der erzielten Einsparung
Automobilzulieferer	Änderung der Zuschnittreihenfolge im Materialzuschnitt und Neuanordnung der Zuschnitte	Materialeinsparung: 12,5 % Einsparung 60.000 Euro p. a.
Armaturenhersteller	Prozessablaufoptimierung und Ausschussreduzierung in der Fertigung	Reduzierung der Leiharbeitnehmer von 6 auf 2 Einsparung ca. 120.000 Euro p. a.
Automobilzulieferer	Austausch reparaturanfälliger Flurförder- gegen Leasingfahrzeuge, Reduzierung der Ausfallzeiten	Reorganisation des Staplerpools Einsparung: ca. 65.000 Euro p. a.

Automobilzulieferer	Umstellung von Insel- auf Linienfertigung, Reduzierung der Ausfallzeiten bei der Belieferung für Endabnehmer	Reduzierung der Störfaktoren um 95 % Einsparung: ca. 450.000 Euro p. a.
Kunststoffverarbei- tender Betrieb	Reorganisation der gesamten Lagerstruktur inkl. Einbindung der Fertigungssteuerung; Einführung von Kanban als Lagerhaltungs- und Fertigungssteuerungs- system	Bestandsreduzierung des Lagers um 40 %, Reduzierung der Kapitalbindung um 2,5 Millionen Euro Einsparung: ca. 360.000 Euro p. a.

In allen Fällen lagen die Kosten für die Durchführung der KVP-Maßnahmen inklusive Trainingskosten erheblich unter der Höhe der Einsparungen.

Im Folgenden wird ein Unternehmen der Automatisierungstechnik vorgestellt, bei dem das angestrebte Einsparungsziel von 600.000 Euro pro Jahr um ein Mehrfaches übertroffen wurde; der Return-on-Investment lag etwa beim Achtfachen der Kosten für die Weiterbildungsmaßnahmen.

»Wir Mitarbeiter haben selbstständig Ziele erreicht« – Qualitäts- offensive bei einem Unternehmen der Elektroindustrie

Ein weltweiter Marktführer in der Automatisierungstechnik beschäftigt mehr als 5000 Mitarbeiter weltweit, davon 2800 in Rinteln[1]. In der Business-Unit, in der die Qualitätsoffensive gestartet wurde, werden vor

---

[1] Standort von der Redaktion geändert

allem Steckverbindungen produziert. Im Export nimmt Asien eine besondere Stellung ein. Um die hohen Qualitätsansprüche zu sichern, wurde eine personalintensive Endkontrolle mit unabhängigen Endkontrollmechanismen eingerichtet. Allerdings war die Fehlerquote (PPM) so hoch, dass die Kundenstandards nicht erreicht wurden und das Asien-Geschäft wegzubrechen drohte. Daher beschloss man, durch eine Qualitätsoffensive die Ausschuss-, Fehler- und Beanstandungsquote zu reduzieren, um die Kundenwünsche erfüllen zu können.

Trainings- und Seminarkonzeption

Um die gesamte Organisation für die Qualitätsoffensive zu begeistern, wurde das Kick-Off im Rahmen einer Zukunftswerkstatt durchgeführt, an der alle Unternehmensbereiche, Abteilungen, Hierarchieebenen wie auch Personalentwickler und Betriebsräte teilnahmen.

Der Tag startete mit einer genauen Zieldefinition der Qualitätsoffensive und der damit verbundenen Chance der Standortsicherung für alle Business-Units. Sämtliche Faktoren des möglichen Erfolgs oder Misserfolgs wurden im Rahmen von Kleingruppenarbeiten und Plenumsdiskussionen präsentiert, reflektiert und erörtert. Die 128 Teilnehmer präsentierten ihre Ergebnisse in Form von Visualisierungen, Sketchen, Showeinlagen und Ratespielen.

Es folgten eintägige Workshops für die Führungskräfte und für die gewerblichen Mitarbeiter, um das Feedback der Organisation zu vervollständigen. Dadurch wurden die Stärken und Schwächen des Unternehmens stärker differenziert und mit konkreten Maßnahmen, Verantwortlichkeiten und einer Zeitlinie versehen. Um die Qualitätsoffensiven mit einem visuellen Management zu unterlegen und die Motivation der Mitarbeiter zu erhöhen, wurden in einem zweitägigen Workshop KVP-Tools auf das Unternehmen übertragen und angepasst. Zugleich wurden die Qualitätswerkzeuge bereichs- und hierarchieübergreifend vereinbart. Alle Führungskräfte und Mitarbeiter sollten mit ihnen vertraut gemacht werden.

Zu diesem Zweck wurde ein zweitägiges Führungstraining durchgeführt, an dem Abteilungsleiter und Werkstattleiter teilnahmen. Bearbeitet wurden Fragestellungen wie die folgenden:

- Welche Qualitätswerkzeuge wende ich in welcher Form an?
- Welche Antworten erwarten meine Mitarbeiter bei Problemlösungsprozessen?
- Wie gehe ich mit Killerphrasen um?

- Was kann ich als Führungskraft tun, um die Motivation im Hinblick auf die Qualitätsoffensive langfristig zu erhalten?
- Wie führe ich Qualitätssicherungsgespräche?

Im Training wurden unterschiedliche Entwicklungsstände der Abteilungs- und Werkstattleiter sichtbar, so dass für einige Führungskräfte Einzelcoachings durchgeführt wurden.

> *»Die Tomaten sind dann reif, wenn die Zeit dafür gekommen ist*
> *und wenn sie zuvor gedüngt und gepflegt worden sind.*
> *Für Beziehungen zu anderen Menschen gilt das Gleiche.«*
> *(Robert Pauly)*

Anschließend nahmen 320 gewerbliche Mitarbeiter an einer eintägigen Veranstaltung mit dem Ziel teil, UvOs zu werden und die Anwendung der KVP-Tools (8D-Report, Ishikawa-Diagramm, Fehlersammelkarte, Pareto-Analyse et cetera) zu erlernen. Mit außergewöhnlich viel Spaß und Motivation erlernten die Mitarbeiter unter Einsatz suggestopädischer und gehirngerechter Methoden die Tools, und zwar innerhalb nur eines einzigen Tages.

Um den Erlebnischarakter hervorzuheben, eigneten sich beliebte Alltagsthemen wie Fußball oder die Ehe. Auch erotische Themen kommen, wenn sie behutsam und allgemein eingebracht werden, sehr gut an und bringen alle Teilnehmer immer wieder zum Lachen. Einige Beispiele aus der UvO-Schulung des Unternehmens:

- »Ihr(e) Ehepartner(in) möchte Sie mit einem romantischen, unvergesslichen Abend überraschen. Schreiben Sie dazu eine FMEA.«
- »Ihr Partner ist ›fremd gegangen‹. Entwickeln Sie einen ausformulierten Problemlösungsprozess.«
- »Sie haben im Internet im Chatroom ›heiß geflirtet‹. Entwickeln Sie ein Ursache-Wirkungsdiagramm.«
- »Vervollständigen Sie die Fehlersammelkarte auf der Basis Ihres letzten Urlaubs.«

Die Teilnehmer lernten auf diese Weise sehr schnell und auf humorvolle Art, die Formblätter fehlerfrei auszufüllen. Somit war sichergestellt, dass Führungskräfte und Mitarbeiter nun die gleichen Tools anwenden konnten und die Einführung von Qualitätszirkeln möglich war. Die Qualitätszirkel wurden und werden regelmäßig alle zwei Wochen werkstattintern und -übergreifend durchgeführt und von den gewerblichen Mitarbeitern eingefordert.

Die Teilnehmer analysierten dann ihre konkreten Probleme und Fehler aus ihrem Produktionsbereich mit Hilfe der Tools und belegten sie mit konkreten Aktionsplänen. Dabei half ihnen unter anderem das HBDI-Instrument (siehe Kapitel 9), das sie vorher mit Hilfe eines Kartenspiels kennengelernt hatten, wobei sie sich selbst in diesem Vier-Farb-Modell eingeschätzt hatten. So konnten sie in ihren Aktionsplänen die Lösungsansätze entsprechend für Analytiker, Systemiker, Emotionale und Kreative beschreiben. In der letzten Phase präsentierten sie ihre Ergebnisse ihren Führungskräften.

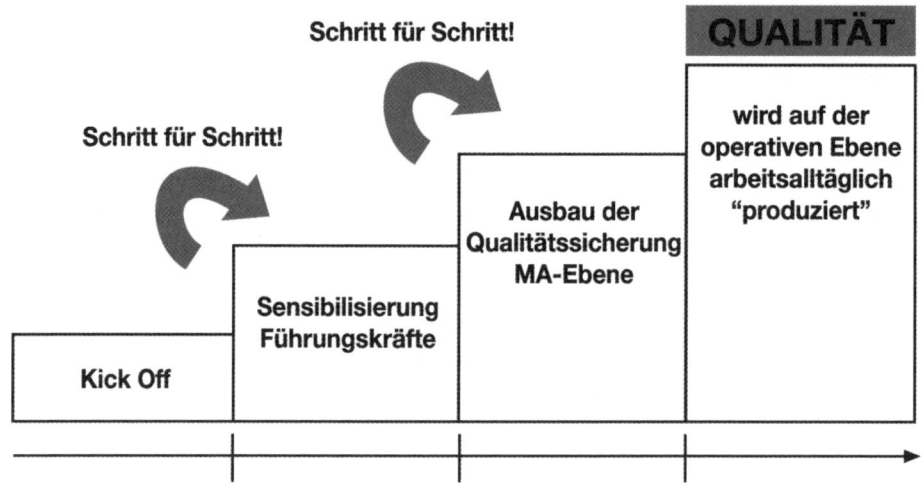

Qualitätsoffensive als Kulturprozess

Abbildung 19: Qualitätsoffensive als Kulturprozess

Transferhilfen

Nach den Schulungen wurden die Qualitätszirkel eingeführt. Die jeweiligen Moderatoren für die Schulungen, meist stellvertretende Werkstattleiter, nahmen an einem Moderationstraining mit konkreten Ansätzen zum Umgang mit gewerblichen Mitarbeitern und den jeweiligen Inhalten aus den Mitarbeiterschulungen teil. Durch die regelmäßigen Qualitätszirkel war für alle Beteiligten klar, dass die Eigenverantwortung kontinuierlich erwartet wurde. Für die Moderatoren war es ein Erlebnis, wenn die gewerblichen Arbeiter die Tools professionell einsetzten, für die Arbeiter wiederum war die schnelle Reaktionszeit motivierend, mit der bestimmte

Themen abgearbeitet werden konnten. GEMBA lautete die Devise: »Gehe zum Ort der Ereignisse«. Mit dieser Philosophie gingen einige Mitarbeiter beispielsweise in andere Werkstätten oder Abteilungen, um ein bereichsübergreifendes Problem zu diskutieren und gegebenenfalls den Fehler im Prozess abzustellen.

Das externe Trainerteam begleitete auch die Transferphase und ermittelte durch narrative Interviews konsequent die Ist-Situation, um schließlich parallel weitere Maßnahmen durchzuführen: On-the-Job-Trainings für Moderatoren, Coachings für Führungskräfte, Bildungscontrolling im Hinblick auf das visuelle Management und regelmäßiges Feedback an die Geschäftsleitung und das Managementteam, inwieweit die Ziele erreicht wurden. Je nach Zielsetzung wurden auch Feedbackrunden moderiert, um das Rollenverständnis von Führungskräften und Mitarbeitern zu klären. Die Mitarbeiter erhielten von der Produktionsleitung und der Geschäftsleitung Feedback über die Entwicklung der PPM-Fehlerquote und die damit verbundene Zufriedenheit der Kunden. Durch die eindeutigen Verbesserungen sind Mitarbeiter und Führungskräfte gleichermaßen motiviert, mit Qualitätswerkzeugen am Nullfehler-Prinzip mitzuwirken.

Ergebnisse des Bildungscontrollings

Die Qualitätsoffensive des Unternehmens wurde kontinuierlich mit konkretem Bildungscontrolling reflektiert. *Quantitativ* wurden folgende Ergebnisse festgehalten:

- Die Qualitätssicherungsparameter wurden in einem Fertigungsbereich von 88 auf 97 Prozent optimiert.
- Die Produktivität wurde um bis zu 30 Prozent verbessert.
- Die Sonderprüfungen wurden um 43 Prozent gesenkt.
- Die Beanstandungen wurden um 50 Prozent gesenkt.
- Die interne Rückweisungsquote wurde um 6 Prozent auf 1,4 Prozent verringert.

Qualitativ wurden folgende Ergebnisse ermittelt:

- Am Ende jeder Schulung gaben alle Teilnehmer ein schriftliches und mündliches Feedback zur Maßnahme mit 98 Prozent positiven Rückmeldungen.
- Wöchentlich wurden die einzelnen Abteilungen von der Personalabteilung und dem Trainerteam besucht, und es wurden narrative Interviews durchgeführt.

- Das Managementteam wie auch die Geschäftsleitung ließen sich ebenfalls wöchentlich von der Mitarbeiterebene Feedback geben: Es kamen 100 Prozent positive Rückmeldungen zum Prozess.
- Der Betriebsrat wurde aufgrund der Einbindung ein intensiver Förderer des Prozesses und konnte so die Bereitschaft zum Mitmachen bei den Kollegen glaubhaft wecken.
- Die interne Personalentwicklung steuerte das Projektmanagement und konnte sehr professionell die generellen Maßnahmen des Unternehmens wie Zielvereinbarungsgespräche an die Projektphasen anpassen.

Das komplette Unternehmen erlebte die Qualitätsoffensive als einen »Ruck«, der durch die Organisation ging und ein echter Motivationsschub für alle Ebenen war.

11 Transferkontrolle und Evaluation – Grundlagen der Messbarkeit von Erfolgen der Weiterbildung

Mit der Transferkontrolle und der Evaluation schließt sich der Kreis des Weiterbildungszyklus, der mit der Festlegung der Unternehmensvisionen, -werte, -strategien und -ziele auf der Organisationsebene sowie der Bildungsbedarfsanalyse auf der Personalebene begonnen hat. Das Bildungscontrolling sorgt für die notwendige Rückkopplung der erreichten Ergebnisse zu den gesetzten Zielen und ist damit gleichzeitig der Startpunkt für einen erneuten Durchlauf des Bildungskreislaufs. Wurden Ziele nicht erreicht, so müssen die Ursachen dafür gefunden und die Ziele im zweiten Durchgang dann noch einmal angesteuert werden; wurden alle Ziele erreicht, so gilt es, neue zu setzen.

> Transferkontrolle und Evaluation schließen sowohl die Einzel- als auch die Gesamtmaßnahmen der Weiterbildung mit ein. Das heißt, die Zielerreichung wird sowohl auf der Ebene der Personalentwicklung als auch auf der übergeordneten Ebene der Organisationsentwicklung überprüft und evaluiert.

Unternehmensziele als Maßstab erfolgreicher Weiterbildung

Wichtig ist: Die Ziele, die die Organisation als Ganzes erreichen möchte, müssen von Anfang an und bereits vor der Durchführung der Weiterbildungsmaßnahmen schriftlich dokumentiert worden sein. Nur so ist in der Evaluationsphase der Weiterbildungserfolg wirklich nachprüfbar und messbar.

Dies ist so naheliegend, dass es selbstverständlich erscheint. Und doch wird es in vielen Unternehmen nicht so praktiziert, wie wir bereits im ersten Teil des Buches beschrieben haben: Geht es um Weiterbildungsmaßnahmen, so werden häufig überhaupt keine Organisationsentwicklungs-, sondern bestenfalls Personalentwicklungsziele festgelegt – und oft nicht einmal die. In der Praxis sieht es so aus, dass häufig nur rückwirkend errechnet oder festgestellt wird, ob die Weiterbildung »etwas gebracht« hat, ob sich zum Beispiel die Mitarbeiterbeurteilungen verbessert haben.

Um die Verfolgung der Ziele attraktiv, realistisch und motivierend zu gestalten, empfehlen sich sogenannte Ziele-Workshops, in denen die Personalentwicklungs- und die Bildungscontrolling-Ziele festgelegt werden, und zwar von allen Führungskräften gemeinsam. Wir haben immer wieder erlebt, dass sich auf diese Weise jede einzelne Führungskraft *bereichsübergreifend* für die Effizienz von Seminaren engagiert und sich auch bei Kollegen anderer Abteilungen nach dem Nutzen der Weiterbildungsmaßnahmen erkundigt.

Kostencontrolling im Bildungswesen

Die Kostenpositionen des betrieblichen Bildungswesens sind in fixe und variable Aufwendungen zu differenzieren, so dass der prozentuale Anteil des Aufwands am Ertrag durch flexible Größen veränderbar bleibt.

Einzelkostenaufstellung Bildungsaufwendungen Position	absolut €	relativ (%)
1. Kosten des Personals im Bildungswesen		
1.1. Hauptamtliche Mitarbeiter		
1.2. Nebenamtliche Mitarbeiter		
2. Kosten der Lehrveranstaltungen / Treatments		
2.1. Internrechnung / direkt		
(Honorare, Raumkosten, Sach-u. Reisekosten etc.)		
2.1.1. Seminare		
2.1.2. Workshops		
2.1.3. Informationsveranstaltungen		
2.1.4. Lernprogramme		
2.1.5. Qualitätszirkel		
2.1.6 E-Learning		
2.1.7. Coaching		
2.2. Externrechnung / direkt		
(Teilnahme- u. Prüfungsgebühren, Reisekosten etc.)		
2.2.1. Seminare		
2.2.2. Workshops		
2.2.3. Informationsveranstaltungen		
2.2.4. Lernprogramme		
2.2.5. Qualitätszirkel		
2.2.6. E-Learning		
2.2.7. Coaching		
3. Sonstige Kosten (Spenden, Prämien, Bildungsurlaub etc.)		
4. Nicht differenzierte (Gesamt-)Kosten		
5. Zwischensumme		
6. Drittmittelfinanzierung		
7. Gesamtbildungskosten		

Abbildung 20: Kostencontrolling im Bildungswesen

Die Brücke zwischen dem qualitativen und dem quantitativen Controlling wird in der Evaluationsphase durch eine Reihe ganz unterschiedlicher Instrumente geschlagen, beispielsweise durch narrative Interviews, Mitarbeiterbefragungen, Mitarbeiterbeurteilungen, statistische Auswertungen, 360-Grad-Feedbacks und eignungsdiagnostische Verfahren. So ergibt sich ein durch *unterschiedliche Perspektiven* verschiedener Mitarbeiterebenen sowie durch statistische Berechnungen abgestütztes *Gesamtbild,* das eine zuverlässige Schlussfolgerung erlaubt, inwieweit die Weiterbildungsmaßnahmen erfolgreich waren und sich rechnen. Denn letztlich muss sichergestellt sein, dass Veränderungen im Unternehmen und im Verhalten der Mitarbeiter wirklich auf die durchgeführten Trainingsmaßnahmen zurückgehen und nicht einfach auf zufällige Veränderungen irgendwelcher Rahmenbedingungen. Vorbildlich durchgeführt wurde ein solches Controlling als wissenschaftliche Langzeitevaluation bei dem im achten Kapitel vorgestellten Automobilzulieferer.

Messbares Bildungscontrolling

Abbildung 21: Messbares Bildungscontrolling

Effizientes Bildungscontrolling zieht sich *konsequent* durch das ganze Unternehmen hindurch. Dabei ist darauf zu achten, dass auch die qualitativen Instrumente den Hebel an der richtigen Stelle ansetzen. Es nutzt beispielsweise wenig, die Teilnehmer nach einem Seminar einfach nur zu fragen, ob sie zufrieden waren oder wie es ihnen gefallen hat. Vielmehr sollten spätere Interviews abklären, was aus den Seminaren von den Teilnehmern im Berufsalltag konkret umgesetzt wurde. Nur so lässt sich der Lern- beziehungsweise Praxistransfer erkennen.

Personalbezogene Ziele als Maßstab erfolgreicher Weiterbildung

Im Folgenden werden einige Instrumente der Personalentwicklung detailliert vorgestellt, die für das Bildungscontrolling unerlässlich sind: die Mitarbeiterbeurteilung (Jahresgespräch), die individuelle Evaluation und das 360-Grad-Feedback.

Beurteilungssysteme für Mitarbeiter sind Planungs- und Kontrollsysteme, die auf den einzelnen Mitarbeiter ausgerichtet sind. Sie erfüllen unter anderem auch Funktionen der Karriereplanung und sind somit wichtige Personalentwicklungsinstrumente. Die Beurteilung erfolgt in regelmäßigen Zeitabständen durch die direkte Führungskraft, beim 360-Grad-Feedback auch durch Einbeziehung weiterer Personen im Unternehmen. Ziel ist es, einen Interessenkonsens zwischen den Leistungszielen des Unternehmens und den individuellen Mitarbeiterzielen zu finden.

Der Mitarbeiterbeurteilungsbogen

Wir haben bereits im Zusammenhang mit der Bildungsbedarfsanalyse dargelegt, dass Mitarbeiterbeurteilungen heute vielfach zu standardisiert, zu schematisch und zu oberflächlich durchgeführt werden. Demgegenüber plädieren wir für ein anderes Verfahren:

> Die Mitarbeiterbeurteilungsbögen sollten
>
> 1. speziell auf das jeweilige Unternehmen zugeschnitten sein und
> 2. die jeweiligen übergeordneten Ziele der Organisation miteinbeziehen.

Das bedeutet, dass die Ziele der Organisationsentwicklung bereits *vor Beginn* der Weiterbildungsmaßnahmen auf die Ebene der einzelnen Mitarbeiter »heruntergebrochen« worden sein müssen. Das heißt, wenn zum Beispiel das Unternehmen sich zum Ziel gesetzt hatte, die Kundenzufriedenheit zu erhöhen und die Reklamationsquote um einen bestimmten Prozentsatz zu senken, so muss auch aus den Mitarbeiterbeurteilungsbögen hervorgehen, inwieweit der einzelne Mitarbeiter dazu konkret einen Beitrag geleistet hat. Dementsprechend könnten sich in den Beurteilungsbögen der Verkäufer, des Servicepersonals und der Techniker zu bewertende Aussagen finden wie:

- »Er/Sie hat die Fähigkeit, die Erwartungen interner und externer Kunden zu erkennen und zu verstehen.«
- »Er/Sie erkennt, wenn Kundenwünsche entstehen, und reagiert darauf.«
- »Er/Sie hat einen Sinn für das, was im Umgang mit Kunden eilig und dringend ist.«
- »Er/Sie unterstützt aktiv die bereits eingeführten Verfahren zur Qualitätssicherung.«

- »Er/Sie strebt danach, in allen Tätigkeitsbereichen die höchste Qualität zu erreichen, und setzt diese erfolgreich um.«

Wir haben die Erfahrung gemacht, dass Standard-Mitarbeiterbeurteilungen wenig hilfreich sind, und entwickeln daher *unternehmensspezifische* Beurteilungsbögen. Nun reicht es aber nicht aus, einfach nur Beurteilungsbögen zu entwerfen, diese an alle Vorgesetzten zu verteilen und zu hoffen, dass sie schon richtig damit umgehen werden. Vielmehr ist es häufig erforderlich, die Führungskräfte so zu schulen, dass sie die Mitarbeiterjahresgespräche professionell führen und die Bögen richtig ausfüllen, also die Mitarbeiter auch zutreffend beurteilen. Außerdem muss festgelegt werden, dass die Mitarbeitergespräche wirklich regelmäßig – gewöhnlich einmal pro Jahr – durchgeführt werden und nicht etwa die Bögen nur unregelmäßig zum Einsatz kommen.

Jahresgespräche mit Mitarbeitern führen

Insbesondere die Mitarbeitergespräche im Rahmen der Jahresbeurteilungen werden teilweise von Vorgesetzten regelrecht gescheut, vor allem wenn es darum geht, unangenehme Themen anzusprechen und mit »schwierigen« Mitarbeitern klarzukommen. Auch hier können Weiterbildungsmaßnahmen helfen, wobei in Rollenspielen sehr effektiv realistische Gesprächsverläufe geübt werden können. Dabei übernimmt im Einzelcoaching grundsätzlich der Trainer die Rolle des »schwierigen« Mitarbeiters, während die Führungskraft ihre eigene Rolle im Berufsalltag spielt, damit sie sich authentisch geben und lernen kann, ihr vorhandenes Verhaltensrepertoire gegenüber Mitarbeitern zu erweitern und gegebenenfalls zu modifizieren.

> *»Wir sind nicht nur verantwortlich für das, was wir tun,*
> *sondern auch für das, was wir nicht tun.«*
> *(Molière)*

Das regelmäßige Mitarbeitergespräch ist Bestandteil des fortwährenden Kommunikationsprozesses zwischen Führungskraft und Mitarbeiter; es dient jedoch nicht als Ersatz für die tägliche gemeinsame Arbeit an Problemlösungen oder den Austausch bei Routinefragen. Die richtige Handhabung dieses *Führungsinstruments* bringt für alle Beteiligten – Mitarbeiter, Führungskraft und Unternehmen als Ganzes – eine Reihe von Vorteilen.

Das Mitarbeitergespräch besteht aus fünf Schlüsselelementen:

1. *Zielerreichung:* Rückblick, wie gut der Mitarbeiter die im vergangenen Gespräch gesetzten Ziele erreicht hat
2. *Tätigkeitsfaktoren:* Leistungen und Bewertungen in bestimmten Tätigkeitskategorien, beispielsweise:

- Soziale Kompetenz/Führungsqualität,
- Kundenorientierung/Qualitätsbewusstsein,
- Initiative/Entscheidungsfreude,
- Kommunikationsfähigkeit im Hinblick auf interne und externe Partner,
- Fachkenntnisse et cetera.

3. *Leistungsbewertung:* Umfassende Bewertung im Beurteilungszeitraum
4. *Plan für die Weiterentwicklung des Mitarbeiters:* mit persönlichen Veränderungszielen des Mitarbeiters
5. *Zielsetzungen und -vereinbarungen:* Festlegung von Hauptzielen und festen Zeiträumen für den folgenden Beurteilungszeitraum

Zuverlässigkeit von Bewertungen

Die Bewertungen, die Vorgesetzte über Mitarbeiter in den Beurteilungsbögen abgeben, müssen *zuverlässig und treffsicher* sein; ansonsten sind die Mitarbeiterbeurteilungen wertlos, schlimmstenfalls sogar kontraproduktiv, weil falsche Weiterbildungsmaßnahmen beschlossen werden, die weder dem Mitarbeiter noch dem Unternehmen nützen und nur unnötig Ressourcen verschwenden. Deshalb ist es wichtig, dass die Führungskraft *unbewusste Einflüsse,* die häufig in die Beurteilung einwirken und das reale Leistungsbild des Mitarbeiters positiv oder negativ verzerren, kennt und sich bewusst macht.

In einem Chemieunternehmen bestand der Auftrag darin, zum Erlernen eines Beurteilungssystems E-Learning-Phasen mit Coachings zu verbinden. Die Teilnehmer lernten im Rahmen eines Intranet- beziehungsweise CD-Programms die kognitiven Elemente hinsichtlich Beurteilungssystem, Beurteilungsfehler und Ablauf von Mitarbeitergesprächen in Einzelarbeit kennen. Anschließend absolvierten sie ein zweistündiges Individualcoaching, bei dem der Trainer in einem Rollenspiel jeweils einen konkreten Mitarbeiter spielte, so dass die Führungskraft das Gespräch trainieren konnte. Das Besondere daran war, dass die Führungskräfte eigenständig lernten, die typischen Beurteilungsfehler zu erkennen, ohne dass sie in einem Seminar thematisiert zu werden brauchten, und anschließend direkt an die Umsetzung gehen konnten.

Typisch sind die folgenden *Bewertungsfehler,* die beim E-Learning deutlich wurden:

- *Ähnlichkeitseffekt:* Einem Mitarbeiter werden aufgrund seiner Ähnlichkeit mit der Führungskraft, zum Beispiel im Leistungsverhalten, unbewusst dessen Eigenschaften zugeschrieben und deshalb bessere Bewertungen abgegeben.
- *Verschiedenheitseffekt:* Die Wahrnehmung eines von der Führungskraft unterschiedlichen Verhaltens führt zu negativen Bewertungen, obwohl die Leistungen des Mitarbeiters besser sind.
- *Mangelnde Differenzierung:* Die Tendenz, alle Mitarbeiter als »mittelmäßig« einzustufen, vermeidet Probleme, ist aber nicht hilfreich.
- *Halo-Effekt (Hof-Effekt):* Von einem einzigen Tätigkeitsmerkmal eines Mitarbeiters wird auf sämtliche Merkmale geschlossen. Dementsprechend fällt die Gesamtbewertung unangemessen gut oder unangemessen schlecht aus.
- *Primacy-Effekt:* Fehler, die sich aufgrund der Reihenfolge der Verhaltensbeobachtungen während eines Beobachtungszeitraums ergeben. Die ersten Beobachtungen haben einen größeren Einfluss auf den Gesamteindruck als spätere Beobachtungen, auch wenn diese den ersten nicht entsprechen. Man ist allgemein weniger geneigt, von einer anfänglich schlechten Beurteilung zu einer guten zu wechseln als umgekehrt.
- *Recency-Effekt:* Verhaltensbeobachtungen, die am Ende des Beobachtungszeitraumes gemacht werden, gehen mit zu großem Gewicht in die Gesamtbewertung ein.
- *Proximity-Effekt:* Sehr gute oder sehr schlechte Bewertungen in einem Tätigkeitsmerkmal werden auf andere, benachbarte Merkmale übertragen.

Wichtig ist, dass Führungskräfte klar zwischen *Wahrnehmung, Bewertung und Beurteilung* unterscheiden. Wahrnehmen heißt zunächst nur, das Verhalten eines Mitarbeiters in einer bestimmten Situation zu beobachten, mehr nicht. Die Bewertung sollte dann vorbereitet anhand des Gesprächsbogens erfolgen, wobei verschiedene Wahrnehmungen anhand unterschiedlicher beobachteter Verhaltensmuster erläutert werden sollten.

Es kann hilfreich sein, für die Führungskräfte einen Musterbogen mit Fallbeispielen auszugeben, damit klar ist, wie die Beurteilungsbögen ausgefüllt werden sollten; auch eine Anleitung zur Gesprächsführung in den Mitarbeitergesprächen kann schriftlich vorgelegt werden.

Musterbögen und schriftliche Anleitungen zur Gesprächsführung sind ebenso wie Schulungen der Vorgesetzten für die Führung von Mitarbeitergesprächen *Hilfsmittel des Bildungscontrollings*, die gewährleisten, dass die Beurteilungsbögen sorgfältig, richtig, kongruent – letztlich vergleichbar – ausgefüllt werden. Dies ist eine wesentliche Voraussetzung, damit *messbare* Resultate mit validem und reliablem Aussagegehalt entstehen.

Individuelle Bildungsbedarfsanalysen für Führungskräfte und Mitarbeiter

Ein besonderes Verfahren der Evaluation ist die zweitägige individuelle Bildungsbedarfsanalyse von Mitarbeitern durch zwei externe Moderatoren. Da das Verfahren sehr aufwendig ist, wird es – im Gegensatz zu den Mitarbeiterbeurteilungsbögen – nur in bestimmten Fällen angewendet, zum Beispiel wenn es um die Weiterentwicklung von »High Potentials«, um die Beförderung in hochrangige Positionen oder um sehr spezielle Führungskräfte-Entwicklungsprogramme geht.

Im Rahmen einer solch individuellen Evaluation hat der Kandidat eine Reihe verschiedener Übungen zu absolvieren, die jeweils einzeln bewertet werden. Die Einzelergebnisse werden in eine Gesamtbeurteilung übertragen, aus der dann eine zusammenfassende Empfehlung abgeleitet wird. Das Ganze wird durch einen umfangreichen schriftlichen Bericht belegt, der keinem festgelegten Standard folgt, sondern sehr ausführlich die einzelnen Übungen, die Äußerungen und das Verhalten des Kandidaten sowie getrennt davon die Verhaltensbewertungen der Moderatoren wiedergibt. Damit ist die Beurteilung auch für Außenstehende in vollem Umfang nachvollziehbar und begründet.

Denkbar ist beispielsweise folgender Ablauf, der variieren kann und für Führungskräfte jeweils individuell konzipiert wird:

1. *Vorstellungsrunde:* Der Kandidat schildert seinen beruflichen Werdegang.
2. *Interviewphase:* Der Kandidat nennt fünf persönliche Schlüsselqualifikationen für die erfolgreiche Ausübung einer Führungsposition und wird im Hinblick auf diese interviewt.
3. *Drei Rollenspiele* werden durchgeführt und auf Video aufgezeichnet, so dass der Kandidat anschließend eine Eigenanalyse vornehmen kann. Rollenspiel 1: Der Kandidat bittet einen Mitarbeiter um ein Gespräch, weil ein deutlicher Leistungsabfall zu beobachten ist. Rollenspiel 2: Er unterhält sich mit zwei Mitarbeitern, bei denen die Zusammenarbeit nicht mehr funktioniert. Rollenspiel 3: Er überzeugt eine Mitarbeiterin, die nächsthöhere Managementebene anzustreben, obwohl diese auf den ersten Blick kein Interesse daran hat.

4. *Gegenüberstellung von Persönlichkeits- und Berufsprofil:* Nach HBDI ist ein Persönlichkeitsprofil des Kandidaten erstellt worden, das ihm erläutert und von ihm kommentiert wird.
5. *Präsentation:* Nach kurzer Vorbereitung präsentiert der Kandidat seine eigene Vision und seine persönlichen Ziele.
6. *Situationsspiel:* Der Kandidat hat die Aufgabe, die Meinung eines Reporters richtig zu stellen, der das Unternehmen mit negativen Schlagzeilen in die Presse gebracht hat.

360-Grad-Feedback

Ein Logistikleiter wollte endlich wissen, wie er in der Organisation gesehen wird. Deshalb beauftragte er die Personalentwicklung mit einem 360-Grad-Feedback. Es stellt eine sinnvolle Erweiterung der alleinigen Beurteilung von Mitarbeitern durch einen einzigen Vorgesetzten dar. Der Vorteil besteht darin, dass die Realitätssichten von möglichst vielen internen und externen Beteiligten in die Beurteilung einfließen. Das Ziel dieser Art von Datenerhebung ist weder »Wahrheit« noch »Objektivität« (beides kann es bei der Beurteilung von Menschen nicht geben), sondern eine möglichst umfassende Sicht für Führungskräfte und Mitarbeiter – ein breites, facettenreiches und tiefenscharfes Bild – aus den Perspektiven mehrerer Personen. Die Einschätzung von Kollegen oder Mitarbeitern aus der unmittelbaren Arbeitsumgebung ist oft sehr viel differenzierter und treffsicherer als die Perspektive des formal verantwortlichen Vorgesetzten, der den Mitarbeiter möglicherweise nur selten sieht.

> *»Ich bin dankbar für die schärfste Kritik,*
> *wenn sie nur sachlich bleibt.«*
> *(Otto von Bismarck)*

Der Logistikleiter war extrem überrascht über die Unterschiede in der Selbst- und der Fremdeinschätzung, insbesondere in Verhandlungen, wo andere ihn als »über den Mund fahrend« erlebten. Er änderte daraufhin sein Verhalten.

Einschätzungkriterien einer Führungskraft – Beispiel Logistikleiter

(Die nachfolgenden Items werden jeweils auf einer Skala von 1 bis 6 bewertet.)

1. Die Fähigkeit, andere zu motivieren, wird aktiv eingesetzt.
2. Die Fähigkeit, Verhandlungen in eine Win-Win-Situation zu führen, wird genutzt.

3. Handelt gemäß den Werten des Unternehmens.
4. Genießt im Unternehmen Vertrauen.
5. Die Fähigkeit, unter Berücksichtigung von Kenntnisstand und Sichtweise des Gesprächspartners zu kommunizieren, ist vorhanden. Der Gesprächspartner hat den Eindruck, dass ihm aktiv zugehört wird.
6. Zeigt in Konflikten ein lösungsorientiertes Verhalten.
7. Kreative Einfälle und die Bereitschaft, auch unkonventionelle Lösungen umzusetzen, ist vorhanden.
8. Identifiziert und versteht die Erwartungen interner und externer Kunden vorausschauend und reagiert darauf in angemessener Weise.
9. Ist in der Lage, sich in die Gefühlslage anderer hineinzuversetzen und die Situation aus der Sicht des Gegenübers wahrzunehmen.
10. Ist offen für Kritik an der eigenen Person – et cetera.

Zusammenfassung

Es gibt natürlich noch eine Reihe weiterer Personalbeurteilungsinstrumente, die hier nicht alle aufgeführt werden können. Deutlich geworden sein sollte jedoch:

- Personalentwicklung ist konsequent in die Organisationsentwicklung einzubinden. Dementsprechend sind bei der Personalentwicklung die Unternehmensziele zu berücksichtigen und zu integrieren.
- Die Kosten für die Weiterbildung sind den durch die Zielerreichung des Unternehmens entstandenen Vorteilen (Kosteneinsparungen, Gewinnen) gegenüberzustellen. Erst dadurch wird der Nutzen von Weiterbildungsmaßnahmen messbar.
- Um Bildungscontrolling effizient durchzuführen, sollten mehrere verschiedene Instrumente (zum Beispiel Interviews, Mitarbeiterjahresgespräche, statistische Auswertungen) eingesetzt werden, um unterschiedliche Perspektiven zu berücksichtigen und ein vollständiges, verlässliches Gesamtbild der Mitarbeiterqualifikationen zu erhalten.
- Für das jeweilige Unternehmen maßgeschneiderte Mitarbeiterbeurteilungsbögen inklusive Hilfsmittel und Schulungen der Führungskräfte unterstützen dabei, Mitarbeiter treffend und unternehmensweit auf einheitliche Weise zu beurteilen.
- Führungskräfte sollten sich möglicher Fehler bei der Mitarbeiterbeurteilung bewusst sein und diese vermeiden.
- Das 360-Grad-Feedback wird individuell für jede Position beziehungsweise Person entwickelt.

Teil III

Widerstand gegen kompetente Organisations- und Personalentwicklung – Erfolgsverhinderer outen sich

12 »Und wenn ihr das nicht gebacken kriegt ...« – ein Werksleiter dreht durch

In den beiden vorangegangenen Teilen des Buches haben wir gezeigt, dass eine ganzheitliche Personal- und Organisationsentwicklung durch einen integrierten Trainingsansatz wirkungsvoll unterstützt wird. Wir haben auch gezeigt, dass sich die Wirkung der Weiterbildungsmaßnahmen anhand eines detaillierten Bildungscontrollings sowohl quantitativ als auch qualitativ überprüfen und nachweisen lässt. Gut, wenn es so funktioniert.

Leider haben wir in der Praxis des Öfteren feststellen müssen, dass die Weiterentwicklung von Unternehmen, die Durchführung geeigneter Bildungsmaßnahmen wie auch ein gezieltes Bildungscontrolling von gewissen Kräften im Betrieb absichtlich verhindert wurden. Und dies, obwohl die Geschäftsleitung oder der Vorstand des jeweiligen Unternehmens die Weiterbildung ausdrücklich befürwortet und unterstützt hatte. Anhand einiger Praxisfälle, die sich tatsächlich genau in der beschriebenen Weise abgespielt haben, demonstrieren wir in diesem Kapitel, welche Kräfte eine effektive Personal- und Organisationsentwicklung verhindern können und was sich daraus erkennen lässt.

Herr Brucks[4] – Werksleiter in einem mittelständischen Produktionsbetrieb und von seiner Führungsposition her unmittelbar unterhalb des Vorstandes angesiedelt – neigte zu einem cholerischen Temperament. Die ihm unterstellten Führungskräfte und Mitarbeiter versorgte er gut mit Arbeit, hatte allerdings an deren Ausführung fast immer etwas auszusetzen. Seinen Führungsstil könnte man als »Management by Möwe« bezeichnen: Er kam angerauscht, veranstaltete ein großes Geschrei, mistete alle an und flatterte dann wieder davon. Der eine oder andere wurde auch schon einmal vor dem gesamten Team heruntergemacht, wenn die Ergebnisse nicht so ausfielen, wie Herr Brucks es sich vorstellte. Im Laufe der Zeit hatte er ein Angstklima um sich herum aufgebaut, in dem seine Mitarbeiter und Führungskräfte kaum wagten aufzumucken.

Als es um die Prozessbegleitung im Rahmen der Personal- und Organisationsentwicklung ging, fand auch ein Gespräch des vom Vorstand engagierten externen Trainerteams mit Herrn Brucks statt. Es wurden gemeinsam Ziele vereinbart, und Herr Brucks stimmte diesen ohne Einschränkung zu. Mit dem Kernziel »Es geht darum, die Menschen und die Einstellung ihrer 150 Führungskräfte so zu verändern, dass sie eine Qualitätssicherung vorleben können« konnte er sich identifizieren. Er versprach, die Zukunftswerkstatt, die in Kürze gemeinsam mit den

---

[4] Name von der Redaktion geändert

Mitarbeitern und Führungskräften stattfinden sollte, zu unterstützen. Im abschließenden Einzelgespräch war er proaktiv.

Doch drei Tage nach diesem Gespräch änderte Herr Brucks plötzlich seine Meinung. Er rief Frau Reimers[5], die Leiterin Personalentwicklung des Unternehmens, an – mitten in einem Training – und brüllte ihr am Telefon ins Ohr: »Das geht so nicht! Ich habe mit dem Vorstand gesprochen! Wir können nicht einfach 100 Leute aus der Produktion herausnehmen, um sie zu trainieren! Wie stellen Sie sich das vor?«

Der Versuch, die Weiterbildungsmaßnahmen zu verhindern

Noch am selben Abend, direkt nach ihrem Training, traf sich Frau Reimers mit Herrn Brucks, um ihn zu beruhigen. Überraschenderweise hatte er zu diesem Gespräch einen unbekannten externen Trainer mitgebracht, der nichts mit den geplanten Weiterbildungsmaßnahmen zu tun hatte und auch vom Vorstand nicht damit beauftragt worden war. Während er hektisch ein Bonbon nach dem anderen aß, versuchte Herr Brucks, die Leiterin Personalentwicklung weiterhin davon zu überzeugen, dass die bevorstehenden Seminare nutzlos und praktisch nicht durchführbar seien. Gleichzeitig bemühte er sich, die Zustimmung des Trainers, der mitgekommen war, zu seiner Meinung zu erhalten. Zum Glück durchschaute der Trainer das Spiel, ließ sich nicht von Herrn Brucks instrumentalisieren und verhielt sich so neutral wie möglich, ohne Frau Reimers in den Rücken zu fallen. Als der Versuch von Herrn Brucks, die Leiterin Personalentwicklung unter Druck zu setzen, offensichtlich gescheitert war, erklärte er sich am Ende des Gesprächs erneut mit der in Kürze stattfindenden Zukunftswerkstatt einverstanden.

Diese begann mit einem Fiasko. Herr Brucks wollte die Veranstaltung mit einer Präsentation beginnen. Zur Sicherheit, damit auch technisch nichts schief ging, hatte er dafür von seinen Technikern zwei Laptops aufbauen lassen – doch alle zwei versagten ihren Dienst und die Präsentation scheiterte. Die Situation konnte gerettet werden, weil Herr Brucks wie auch der anwesende Vorstand die anfängliche Panne mit Humor überspielten. Dadurch entstand schon eine sehr gelöste Atmosphäre. Der Vorstand und Herr Brucks sprachen dem externen Trainerteam für ihre zukünftige Arbeit ausdrücklich ihr Vertrauen aus, und so wurde es mit vielen kreativen Spielen, Sketchen und Pantomimen für die 130 anwesenden Führungskräfte und Mitarbeiter ein gelungener Auftakt für die

---

[5] Name von der Redaktion geändert

Durchführung der bevorstehenden Qualitätsoffensive. Der Tag war ein voller Erfolg.

Zur Vorbereitung einiger geplanter Trainings kam es zu einem Gespräch zwischen dem externen Trainerteam, Herrn Brucks und den ihm unmittelbar unterstellten Abteilungsleitern. Gemeinsam sollte von allen ein Workshop vorbereitet werden, in dem es um die Erarbeitung eines Anforderungsprofils für die »Meister und Teamleiter der Zukunft« ging. Es wurde vereinbart, dass die Abteilungsleiter innerhalb von drei Wochen die Anforderungsprofile erarbeiten sollten, damit sich im nächsten Schritt alle gemeinsam zu einem Workshop für weitere Absprachen treffen konnten.

Unangemessener Umgang mit Mitarbeitern

Während sich Herr Brucks in Gegenwart des Vorstands immer vorbildlich verhielt – auch im Umgang mit seinen Mitarbeitern –, war es ganz anders, wenn er mit diesen alleine war. Man könnte hier fast von »Radfahren« sprechen: Nach oben buckelte er, nach unten trat er. So kam es, dass Herr Brucks seine Abteilungsleiter nur wenige Tage nach dem gemeinsamen Gespräch mit dem Trainerteam massiv beschimpfte, sie hätten ihre Arbeiten zur Vorbereitung des Workshops noch nicht abgeschlossen. Verunsichert riefen die Abteilungsleiter daraufhin beim Trainerteam an und fragten, ob der vorgesehene Workshoptermin verschoben worden wäre. Derlei Abspracheprobleme behinderten immer wieder die Durchführung der geplanten Weiterbildungsmaßnahmen im Unternehmen.

> *»Macht beruht nicht auf Aggressivität,*
> *sondern auf einer bewussten Entscheidung.«*
> *(Stephanie Rhea)*

Das Arbeitsklima zwischen Herrn Brucks und seinen Mitarbeitern war durch sein aufbrausendes Temperament und sein unangemessenes Sozialverhalten permanent belastet. Einmal stauchte er seine Abteilungsleiter in Gegenwart der Montage- und Fertigungsleiter öffentlich zusammen: »Und wenn ihr das nicht gebacken kriegt, …« – man traut sich nicht, in einem seriösen Buch über Personal- und Organisationsentwicklung die zweite Satzhälfte zu zitieren. Eingeschüchtert und ohnehin in ständiger Angst, Fehler zu begehen, muckte keine der Führungskräfte auf. Alle ließen sich diese Behandlung gefallen, ohne auch nur den Versuch zu unternehmen, sich zu wehren.

Durch falsche und nicht vereinbarte Terminsetzungen wie auch durch gezielt gestreute Fehlinformationen von Herrn Brucks nach dem Motto »teile und herrsche« wurde der ganze Weiterbildungsprozess immer wieder behindert, außerdem unnötigerweise hektisch und schwierig. Zudem versuchte Herr Brucks zum wiederholten Male, bestimmte Leute auf seine Seite zu ziehen und gegen den Prozess aufzuhetzen.

Das Ende der Trainingsmaßnahmen

Das Klima wurde immer angespannter, denn Herr Brucks merkte, dass es seit der Zukunftswerkstatt kein Zurück mehr gab. Es war eindeutig vereinbart und mit dem Vorstand abgesprochen worden, dass die Eigenverantwortlichkeit und Selbstständigkeit der Mitarbeiter gefördert werden und »der Mensch im Mittelpunkt« stehen sollte; Herr Brucks hatte dem im Beisein des Vorstandes zugestimmt. Es wurde immer enger für ihn als Werksleiter, weil sein autoritäres Machtgehabe nicht zum aufkeimenden neuen Führungsstil im Hause passte. Als seine Versuche misslangen, das externe Trainerteam mit seinen lautstarken Wutausbrüchen genauso einzuschüchtern wie seine Mitarbeiter, wandte er schließlich eine neue Taktik an: Er brachte ohne Absprache mit dem Vorstand einen neuen Trainer ins Spiel, Herrn Ziegler[6], der die Weiterbildungsmaßnahmen im Werk fortsetzen sollte.

Herr Ziegler passte von seinem Naturell her sehr gut zu Herrn Brucks. Ihm war weniger an einer Weiterentwicklung des Personals zu Eigenständigkeit und Selbstverantwortung gelegen als daran, kleinschrittig den Mitarbeitern zu diktieren, was sie zu tun hatten, um die Qualitätsmaßnahmen in der Produktion durchzuführen. Herr Ziegler trat wie der verlängerte Arm von Herrn Brucks auf. Da das externe Trainerteam inzwischen zu der Erkenntnis gekommen war, dass die angestrebten Ziele, die Qualität der Produktion durch höhere Eigenständigkeit und intensivere Einbeziehung der Mitarbeiter zu erhöhen, in dem bestehenden Arbeitsklima nicht zu realisieren waren und permanent vereitelt wurden, befürwortete es die Fortsetzung der Trainings durch Herrn Ziegler. Dieser wurde mit den nötigen Informationen versorgt, bevor sich das Trainerteam aus dem Projekt zurückzog.

Herr Brucks ist bis heute in dem betreffenden Unternehmen tätig, während seine besten Führungskräfte und Know-how-Träger die Firma verlassen haben. 70 Prozent der Führungskräfte sind gegangen, nachdem sie immer wieder vergeblich versucht hatten, sich selbst zu motivieren,

---

[6] Name von der Redaktion geändert

auch mit Hilfe von Coachings. Wenn jedoch alle Coachings nur ein einziges Thema haben – nämlich den Umgang mit einem ganz bestimmten Vorgesetzten –, dann wird jedes Bildungscontrolling letztlich zur Farce.

Der Vorstand wunderte sich zwar über die hohe Personalfluktuation der Führungskräfte, konnte aber aufgrund ständiger Auslandsaufenthalte die gravierenden Zusammenhänge im deutschen Werk nicht erkennen, obwohl darauf hingewiesen wurde. Herr Brucks wurde bis heute nicht entlassen, und er wurde für sein wiederholt ungebührliches Verhalten gegenüber Mitarbeitern und Führungskräften auch niemals abgemahnt.

Dieses Beispiel zeigt unter anderem, wie groß die Bedeutung einer zu Anfang des Weiterbildungsprozesses durchgeführten Analyse der Unternehmenskultur ist. Ein anschließender Ziele-Workshop macht nur dann Sinn, wenn hundertprozentig sichergestellt ist, dass die gesamte obere Führungsebene dahintersteht; ansonsten fällt die Unternehmenskultur in ein »Loch«, wenn die Weiterbildungsmaßnahmen nicht wie geplant durchgeführt werden können und permanent behindert werden.

> *»Nicht was der Mensch ist, sondern was er tut,*
> *ist sein unverlierbares Eigentum.«*
> *(Friedrich Hebbel)*

13 Wie Führungskräfte in Change-Prozessen reagieren

Die Verantwortung auf alle Schultern verteilen

In der heutigen Zeit wird es immer notwendiger, Mitarbeiter zu *Unternehmern vor Ort* (UvOs) zu machen, sie zu selbstständigem Denken und Handeln zu führen und ihre Eigenverantwortlichkeit zu entfalten, unabhängig von den Hierarchieebenen. Darin liegt die große Chance der Personal- und Organisationsentwicklung für die Zukunft. Wird sie wahrgenommen, so wird damit langfristig die Wettbewerbsfähigkeit der Unternehmen gesichert.

> Wir müssen dahin kommen, dass die Verantwortung im Unternehmen gleichmäßig auf alle Schultern verteilt wird, indem jeder an seinem Arbeitsplatz und in seinem Arbeitsumfeld die volle Verantwortung für sein Handeln, für die Gestaltung seiner Arbeitsabläufe und für die Ergebnisse übernimmt. Noch immer sind in vielen Betrieben zu wenige Führungskräfte »überverantwortlich« und zu viele Mitarbeiter »unterverantwortlich«.

Erst wenige Unternehmen haben den Mut bewiesen, Mitarbeiter zu UvOs weiterzubilden. Diejenigen, die es getan haben, erlebten überdurchschnittliche Erfolge, wie sich an den bisher gezeigten Beispielen mit Hilfe des Bildungscontrollings nachweisen lässt.

Viele Führungskräfte, die nun erstmalig mit der Situation konfrontiert sind, einen Teil ihrer Verantwortung abzugeben und diese auf die Schultern ihrer Mitarbeiter gleichmäßig zu verteilen, fühlen sich verständlicherweise verunsichert und sind überfordert.

Als Leistungsträger haben Führungskräfte ihre berufliche Position häufig dadurch erworben, dass sie über hohe fachliche Kompetenz verfügen. Der Erwerb dieser Qualifikation – inklusive Studium oder vergleichbarer Ausbildung – hat meist viele Jahre in Anspruch genommen. Das erworbene Fachwissen hat zu Anerkennung und Erfolg verholfen und verschafft den Betreffenden ein Gefühl von Sicherheit. Viele Führungskräfte definieren sich daher ausschließlich über ihre Fachkompetenz – sie sind oft weniger Führungskräfte im eigentlichen Sinne als Inhaber einer Führungsposition –, doch bleiben sehr oft die soziale Kompetenz wie auch die Persönlichkeitskompetenz zu stark im Hintergrund. Unser Ausbildungssystem ist noch immer so strukturiert, dass es einseitig den Wissenserwerb in den Vordergrund stellt, während der soziale Umgang miteinander wie auch mit der eigenen Persönlichkeit ausgeblendet bleiben.

Wird nun plötzlich von den Führungskräften gefordert, dass sie ihre Mitarbeiter anders als bisher behandeln und ihnen mehr Mitgestaltungsrechte einräumen sollen, verfallen sie manchmal in zwar verständliche, aber unangemessene Verhaltensmuster, um alte Besitzstände zu wahren:

- Sie versuchen teilweise, als »Platzhirsche« ihr Revier abzuschotten und ihr imperiales Handeln zu erhalten.
- Ihre Angst vor Veränderungen und ihr fehlendes Vertrauen in den Prozess, in dem sich das Neue entfalten soll, versuchen sie durch Kontrolle ihres Herrschaftsbereichs abzuwehren.
- Sie reagieren oft mit Versachlichung: Gefühle werden nicht wahrgenommen oder übergangen. Den Versuch anderer, über gruppendynamische Prozesse oder Emotionen zu sprechen, wehren sie mit Ermahnungen ab wie: »Bleiben Sie doch bitte sachlich!« Emotionen und Gruppendynamik sollen ausgeklammert bleiben, und alles soll unter der alleinigen Oberhoheit einer »sachlogischen Betrachtungsweise« gesteuert werden.

Hinzu kommt, dass auch die Führungskräfte erleben, dass ihr Wissen immer schneller veraltet. Im Laufe eines Berufslebens wird es nahezu vollständig entwertet. So bewegen sich viele Führungskräfte auf »dünnem Eis«: Wenn ihr Wissen immer weniger wert ist und die Mitarbeiter sich jetzt selbstständig Fachkompetenz aneignen dürfen, ohne dass ihnen »Herrschaftswissen« vorenthalten werden kann, dann zieht es vielen buchstäblich den Boden unter den Füßen weg, und sie geraten in eine ernste Identitätskrise. Sie sind oft mit der Situation vollkommen überfordert. Wir haben den nachfolgend geschilderten Fall erlebt.

Insolvenz aufgrund der Unfähigkeit einer Führungskraft

Ein Automobilzulieferer hatte sich entschlossen, die Produktionsabläufe durch KVP zu verbessern und dabei gleichzeitig den Prozess der Entwicklung der Mitarbeiter zu Eigenständigkeit und Selbstverantwortung zu gehen. Nach einer Zukunftswerkstatt wurden vier erfolgreiche KVP-Workshops in einem Jahr durchgeführt. Jeder brachte hervorragende Ergebnisse, die sich im Sinne einer *kontinuierlichen* Verbesserung von Workshop zu Workshop steigerten.

Der fünfte Workshop versprach nun, einen gewaltigen Durchbruch für das Unternehmen zu erbringen: Er führte zu dem Ergebnis, dass fünfzig

Leihkräfte – und damit eine gesamte Schicht – komplett eingespart werden konnten. Die festangestellten Mitarbeiter waren begeistert, weil niemand von ihnen entlassen zu werden brauchte. Die Einsparungen hätten sage und schreibe 1,3 Millionen Euro pro Jahr betragen.

In dieser Situation mauerte nun die für den betreffenden Bereich zuständige Führungskraft. Das externe Trainerteam wurde durch geschicktes Taktieren mit allen Mitteln daran gehindert, die Ergebnisse des fünften Workshops der Geschäftsleitung zu präsentieren, und die anschließenden KVP-Maßnahmen umzusetzen. Als Begründung für dieses Verhalten gab die Führungskraft gegenüber den Trainern an: »Sie glauben doch nicht, dass ich vor der Geschäftsleitung offen zugebe, dass in meinem Bereich seit zwei Jahren 1,3 Millionen Euro zu viel ausgegeben werden. Dann stünde ich ja als Trottel da!«

>*»Die Handlungen der Menschen beruhen*
>*zu einem großen Teil auf der Angst vor Verlust.«*
>*(Quelle unbekannt)*

Es bestand zu keiner Zeit die Gefahr, dass diese Führungskraft entlassen oder als unfähig eingestuft werden könnte. Denn schließlich wurden die Einsparmöglichkeiten nur Schritt für Schritt von Workshop zu Workshop sichtbar und realisierbar. Doch die Angst der Führungskraft, das Gesicht zu verlieren, als Versager dazustehen und als fachlich inkompetent eingestuft zu werden, waren größer als der gesunde Menschenverstand und die Verantwortung gegenüber dem Unternehmen. Als Führungskraft wäre der Betreffende verpflichtet gewesen, alles zu tun, um die Kosten einzusparen.

Das Tragische an dem Fall ist, dass der Automobilzulieferer anschließend innerhalb von drei Jahren in die Insolvenz ging. Das bedeutete unter anderem einen Verlust von 700 Arbeitsplätzen. Die »abgesagten« KVP-Maßnahmen wären durch die hohen erzielten Einsparungen die Rettung für das schon angeschlagene Unternehmen gewesen.

14 Situatives Führen – den richtigen Führungsstil wählen

Das konventionelle und das neue Bild von Führung

Viele Führungskräfte haben Probleme, ihre Mitarbeiter richtig zu führen – verständlicherweise, weil ihnen oft in ihrer Aus- und Weiterbildung nicht die notwendigen Kenntnisse über unterschiedliche Führungsstile vermittelt wurden. Wir alle kennen vor allem einen ganz bestimmten Stil, der seit Jahrhunderten prägend in unserer Kultur war: den *autoritären Führungsstil*. Darunter stellt man sich vor allem eines vor, nämlich Unterwerfung, Gehorsam und Unterordnung der Untergebenen unter eine »Autoritätsperson«, womit gleichzeitig auch die gesamte Verantwortung an sie übergeben wird. Das alleinige Sagen hat in diesem Fall der Vorgesetzte, dem das Recht zusteht, zu tadeln, zu strafen, zu loben oder Gnade walten zu lassen – und das ganz nach Belieben. Dieses Steuerungsmodell funktionierte jahrhundertelang recht gut und war, ausgehend von Militär, Staat und Kirche, auch prägend für die Wirtschaft. Aber es hat ausgedient.

> *»Ich spreche nicht gern mit Leuten, die stets meiner Meinung sind.*
> *Eine Zeitlang macht es Spaß, mit dem Echo zu spielen,*
> *aber auf die Dauer ermüdet es.«*
> *(Thomas Carlyle)*

Adäquat ist heute das Modell des *situativen Führens*, wie es unter anderem in dem bekannten Buch »Der 01-Minuten-Manager: Führungsstile« von Kenneth Blanchard und Patricia Zigarmi in Form eines Romans dargestellt wird. Der Geschäftsführer eines Unternehmens war von diesem Buch so begeistert, dass er es allen Fuhrungskräften und Mitarbeitern schenkte. Dies geschah im Rahmen einer Prozessbegleitung, bei der die Führungskräfte bei Bedarf zusätzlich ein Coaching erhielten, wie sie mit dem Modell des situativen Führens umgehen und den adäquaten Führungsstil mit ihren Mitarbeitern gemeinsam vereinbaren.

Nach diesem Modell werden nicht alle Menschen auf gleiche Weise geführt, sondern jeweils so, wie es ihrem akutellen Entwicklungsstand entspricht. Grundsätzlich sind zwei Führungsrichtungen zu unterscheiden: das dirigierende und das sekundierende Verhalten.

- *Dirigierendes Verhalten* lässt sich mit den Tätigkeiten strukturieren, kontrollieren und überwachen umschreiben. Es bedeutet, dem anderen klar zu sagen, was, wann, wo und wie zu tun ist, und die Ausführung der Tätigkeit anschließend zu überprüfen.

- *Sekundierendes Verhalten* lässt sich umschreiben mit den Tätigkeiten unterstützen, zuhören, fördern. Das bedeutet, den anderen zu ermutigen und zu selbstständigem Handeln bei Problemlösungs- und Entscheidungsprozessen anzuregen.

> Das Menschenbild hat nach dem Modell des situativen Führens nichts mit dem jeweils gewählten Führungsstil zu tun. Grundsätzlich wird allen Mitarbeitern die gleiche positive Wertschätzung und Anerkennung entgegengebracht, und zwar unabhängig von ihrem Entwicklungsstand. Der gewählte Führungsstil variiert einzig und allein danach, wie viel Hilfe und Unterstützung der Einzelne in einer konkreten Situation braucht. Danach sind alle Menschen potenziell motivierte Spitzenkönner – man muss nur herausfinden, wo sie gerade stehen, und ihnen von dort aus in ihrer Entwicklung weiterhelfen.

> *»Es ist nicht entscheidend, was geschieht, wenn Sie da sind.*
> *Entscheidend ist, was geschieht, wenn Sie nicht da sind.«*
> *(Quelle unbekannt)*

Kritik und Lob

Das grundsätzlich positive Menschenbild beinhaltet auch einen anderen Umgang mit Kritik und Lob, als wir es vom autoritären Stil her gewohnt sind. So ist *Kritik* prinzipiell kein Schulungsinstrument, sondern ein Mittel, mit Motivations- und Einstellungsproblemen fertig zu werden. Wenn man jemanden kritisiert, der eine niedrige Kompetenz, aber eine hohe Motivation hat, riskiert man damit, dass der Betreffende möglicherweise seine Motivation verliert und sich gar nicht mehr engagiert. Genau das würde zum Beispiel passieren, wenn Vorgesetzte die von Produktionsmitarbeitern in einem KVP-Workshop erarbeiteten Maßnahmen als »enttäuschend« abwerten würden.

Lob ermutigt alle Mitarbeiter – gleich, auf welcher Stufe sie sich befinden – ihren Entwicklungsstand zu verbessern. Wir fragen in den Seminaren oft nach: »Wann sind Sie zum letzten Mal gelobt worden?« Meistens ernten wir nur ein Schulterzucken. Allgemein wird viel zu wenig gelobt in den Unternehmen. Oft folgt man nur dem Prinzip: »Nicht getadelt ist schon gelobt genug«. Folglich ist dann das Klima im Unternehmen eher gedrückt. Unterschwellig hat jeder das Gefühl, es oft dem jeweiligen Vorgesetzten nicht recht zu machen und sich vergeblich abzustrampeln. Der Mangel an Lob äußert sich auch darin, dass manche

Mitarbeiter oder ganze Abteilungen sich immer wieder an unpassender Stelle in den Vordergrund zu schieben versuchen, um für sich bessere Konditionen und mehr Vorteile herauszuholen. Dahinter verbirgt sich häufig nichts anderes als ein Betteln um mehr Anerkennung für die erbrachten Leistungen. Erhalten die Betreffenden die erwünschte Anerkennung, so ändert sich ihr Sozialverhalten häufig ganz von selbst.

Weil Anerkennung und Wertschätzung unerlässlich sind, um Mitarbeiter für eine Sache zu gewinnen und ihre Motivation zu wecken, legen wir so viel Wert auf die Zukunftswerkstatt, die den Mitarbeitern zu Beginn des Change-Prozesses signalisiert, dass ihre Mitwirkung wertvoll und Bedingung dafür ist, dass der Prozess gelingt.

Viele Führungskräfte haben vom situativen Führen noch nichts gehört. Sie sind selbst häufig immer nur autoritär geführt worden und übertragen diesen Führungsstil unreflektiert auch auf ihre eigenen Mitarbeiter, wenn sie in Führungspositionen aufsteigen. Gerade darum wird beim integrierten Trainingskonzept Wert darauf gelegt, dass im Sinne einer *ganzheitlichen* Unternehmensentwicklung die Führungskräfte lernen, den Entwicklungsstand ihrer Mitarbeiter richtig einzuschätzen, und situativ führen zu können. Das entsprechende situative Führungsverhalten lässt sich unter anderem in Form von alltagsnahen Rollenspielen sehr praxisorientiert trainieren.

Vorbildfunktion

Erfolgreiche Führungskräfte sind vom Unternehmen und den Produkten genauso überzeugt wie von ihren Mitarbeitern und deren Chancen. Das heißt nicht, dass sie alles durch die rosarote Brille sehen, sondern trotz erkannter Schwächen den Fokus auf die Stärken legen. Sie sehen die Defizite, fördern aber die Begabungen; sie vermitteln ihren Mitarbeitern eine positive Einstellung und die Überzeugung, dass sie sie für befähigt halten. Mit ihrer Konzentration auf die Stärken wirken sie als Vorbild und regen die Mitarbeiter an, in die gleiche Richtung zu sehen.

> *»Verloren ist alles, sobald man Mutlosigkeit blicken lässt.*
> *Nur die Zuversicht, die man selbst zeigt, kann Vertrauen entflammen.«*
> *(Friedrich von Schiller)*

Schwierig ist es, wenn Mitarbeiter zur (fachlichen) Führungskraft werden und zu Vorgesetzten ihrer früheren Kollegen aufsteigen. Häufig brauchen sie dann – mehr noch als andere Führungskräfte – spezielle Trainings. Auf der einen Seite stehen sie noch auf der gleichen Ebene wie die übrigen

Mitarbeiter und haben auch dieselben Probleme, auf der anderen Seite sollen sie mehr Souveränität in der Problemlösung an den Tag legen und ihre Kollegen zu besseren Leistungen befähigen. Daher benötigen sie spezielle Coachings, um Rollenkonflikte zu thematisieren, den Entwicklungsstand ihrer Mitarbeiter zu erkennen und eine angemessene Gesprächsführung zu erlernen.

15   Das Drama-Dreieck, ein beliebtes Spielchen im Unternehmen

In vielen Unternehmen werden im Alltag oft manipulative »Spielchen« gespielt, ohne dass es den Beteiligten bewusst ist. Diese Spiele beginnen wie eine Angelpartie: Man wirft einen Köder aus und schaut, wer anbeißt. Ein Beispiel dafür ist Herr Brucks, der gerne die Mitarbeiter und Abteilungsleiter in seinem Bereich niedermachte, wenn sie – angeblich – schlechte Arbeit geleistet hatten. Damit spielte er sich zum *Verfolger* auf, und die Mitarbeiter schlüpften in die Rolle der *Opfer*, die alles über sich ergehen ließen. Während der Verfolger sich abwertend, überkritisch oder aggressiv gibt, zeigen sich Opfer hilflos, niedergeschlagen, minderwertig, ängstlich und passiv. Sie verleugnen ihre eigene Stärke.

In diesem Spiel gibt es häufig noch eine dritte Rolle, und das ist die des *Retters,* den Herr Brucks ebenfalls gelegentlich einzubeziehen versuchte, als er zur Besprechung mit der Personalleiterin noch einen Trainer hinzuzog in der Hoffnung, er würde für ihn Partei ergreifen. In dieser Konstellation war Herr Brucks das Opfer eines vermeintlich untauglichen Trainingsprogramms, das sich seinen Retter gleich selbst mitgebracht hatte. Retter sind diejenigen, die Opfern häufig ungefragt zu Hilfe eilen. Sie geben sich überfürsorglich, bevormunden aber letztlich die Opfer, weil sie indirekt deren Stärke und Selbsthilfekompetenz abwerten.

> Die Konstellation Verfolger – Opfer – Retter bezeichnet man in der Transaktionsanalyse als *Drama-Dreieck.* Es handelt sich um manipulative Rollen, die durch wechselseitige, mehr oder weniger subtile Abwertungen bei gleichzeitiger Abhängigkeit voneinander gekennzeichnet sind.

In diesem Dreieck können die Rollen zwischen Verfolger, Opfer und Retter auch getauscht werden. Besonders heikel ist es, wenn ausgerechnet der Vorgesetzte als Verfolger auftritt, weil er gleichzeitig Ankläger und Richter in einer Person ist. Dann artet das Ganze häufig in ein »Gerichtssaal-Spiel« aus. Es gibt Anklagen und Verteidigungen, Plädoyers und Zeugenaufrufe, um den »Schuldigen« zu finden. Das Opfer, das sich klein fühlt, ist damit beschäftigt, seine Unschuld zu beweisen. Aber im Grunde ist der Verfolger genauso klein und minderwertig, denn er versucht zu wachsen, indem er andere klein macht.

Warum werden solche Spiele gespielt und wie entstehen sie? Sie sind für alle Beteiligten bequem, weil sie in einer bestimmten Situation keine

Verantwortung zu übernehmen und unangenehme Dinge nicht zu tun brauchen. Der Verfolger als Vorgesetzter übernimmt keine Verantwortung für die Leistungsfähigkeit seiner Mitarbeiter, das Opfer übernimmt keine Verantwortung für die Qualität seiner Arbeit und der Retter rettet letztlich sich selbst, nämlich vor seiner eigenen negativen Grundeinstellung, für die er auch keine Verantwortung übernimmt. Alle zusammen übernehmen keine Verantwortung für ein gedeihliches soziales Miteinander. Es gibt in solchen Spielen grundsätzlich keine Gewinner, auch wenn es an der Oberfläche so aussieht, als ob der Verfolger der Gewinner wäre, weil er das Spiel teilweise so inszeniert, dass er Recht hat und die anderen Unrecht haben. Im Grunde sind alle nur Verlierer.

> »Es ist sinnlos zu sagen: ›Wir tun unser Bestes‹.
> Es muss dir gelingen, das zu tun, was erforderlich ist.«
> (Winston Churchill)

Nicht zuletzt sinken auch das Arbeitsklima und die Produktivität: Eingeschüchterte Opfer arbeiten unkonzentriert, ängstlich und schlecht; sie begehen mehr Fehler, die dann für den Verfolger der Auftakt für die nächste Spielrunde sind. So entsteht ein Teufelskreis, der sich verfestigt, je öfter er von allen Beteiligten durchlaufen wird. Manipulative Spiele dieser Art belasten die *Unternehmenskultur* und sorgen für eine gedrückte Stimmung, die sich negativ auf die Produktivität des Betriebs auswirkt.

Zu solch manipulativen Spielen neigen besonders jene Menschen, die nicht klar und offen ihre Wünsche und Ansichten artikulieren können. Spiele haben den Vorteil, dass sie auf diese Weise indirekt Zuwendung und Beachtung bekommen, allerdings auf eine negative Art. Manche Menschen haben es nicht gelernt, positive und wertschätzende Beziehungen aufzubauen, weshalb sie ihre Beziehungen negativ gestalten.

Gerade in Change-Prozessen ist es wichtig zu erkennen: *Man kann jederzeit aussteigen aus solchen Spielchen, indem man Verantwortung übernimmt.* Es ist für ein Opfer nicht nötig und auch überhaupt keine Frage der Hierarchiestufe, sich für seine Arbeitsleistung niedermachen zu lassen. Eine wertschätzende Kommunikation auf gleicher Augenhöhe muss immer möglich sein, unabhängig von der Leistung und unabhängig davon, ob sie für einen Vorgesetzten oder einen Kollegen erbracht wird. Sollte wirklich eine schlechte Arbeitsleistung vorliegen, so hat der direkt unterstellte Mitarbeiter Anspruch darauf, durch einen angemessenen Führungsstil seitens des Vorgesetzten zu besseren Leistungen angeleitet zu werden.

16 Teamarbeit

Der Teamentwicklungsprozess

Teamarbeit wird in den Unternehmen immer wichtiger. Flachere Hierarchien, projektorientierte Zusammenarbeit und die im Rahmen der Personal- und Organisationsentwicklung geforderte basisnahe Selbstverantwortung bei der Umsetzung von Change-Prozessen machen Teams mehr und mehr zum Motor der Produktivität. Doch Teamarbeit fällt nicht vom Himmel und ist nicht automatisch gegeben, indem bestimmte Menschen in einem bestimmten Unternehmensbereich zusammmenarbeiten.

> *»Jeder Versuch eines Einzelnen,*
> *für sich zu lösen, was alle angeht,*
> *muss scheitern.«*
> *(Quelle unbekannt)*

Die Teamentwicklung erfolgt über mehrere Phasen. Jede Phase ist wichtig und bringt das Team auf dem Weg zur Produktivität voran. Die erste Phase ist die *Orientierungsphase:* Die Mitglieder sind motiviert, haben hohe Erwartungen mitzuarbeiten, aber noch unklare Zielvorstellungen. Alle tasten die Situation ab. In dieser Phase sollte dem Kennenlernprozess Raum gegeben werden, was sich mit Hilfe geeigneter Übungen spielerisch gestalten lässt. Die relevanten Themen sollten in dieser Phase prägnant und stimulierend aufgeworfen und der Teamauftrag in Schlüsselfragen übersetzt werden, um einen Austausch von Sichtweisen in Gang zu setzen. Außerdem sollten Regeln für die Zusammenarbeit aufgestellt werden.

Die zweite Phase ist die *Frustrationsphase.* Die Mitglieder nehmen mehr und mehr die Diskrepanz zwischen Erwartungen und Realität wahr. Sie sind mit den unterschiedlichen Zielen, Werten und Meinungen unzufrieden und streiten sich manchmal um Kompetenzen und Aufgaben. Möglicherweise bricht eine Konkurrenz um Macht und Anerkennung aus.

Es ist wichtig, dass das Team aus dieser Frustrationsphase hinaus- und in die nächste Phase hineinkommt. Geschieht dies nicht, bleibt die Zusammenarbeit unproduktiv, weil man sich über viele Dinge nicht einigen kann. Wer kennt sie nicht, die *Jammerzirkel* in den Unternehmen, in denen sich alle gegenseitig darin bestärken, dass die Verhältnisse so schrecklich seien und man sowieso nichts daran ändern könne. Wird die Meckerphase nicht überwunden, mutiert das Team zur *Holzbein-Truppe,* die sich an Killerphrasen festhält: »Bei uns geht das sowieso nicht, weil …«, »Wir würden ja gern, aber zuerst muss der Chef das und das verändern …«, »In diesem

Verkaufsgebiet ist eben nicht mehr drin ...«, »Das haben wir noch nie so gemacht ...« und so weiter.

Die Teammitglieder müssen ihre »Holzbeine abschnallen« und sehen, dass ihre Beinamputationen nur eingebildet sind. Dann kann das Team in die nächste Phase hineinwachsen: in die *Beschlussphase*. Indem gemeinsam beschlossen wird, wie man vorgehen will, um die Ziele zu erreichen, nimmt die Unzufriedenheit ab. Für alle wird nun erkennbar, dass die Kluft zwischen Erwartungen und Realität überbrückbar ist. Untereinander entwickeln sich Vertrauen, Respekt und Hilfsbereitschaft, zumal jeder im Team inzwischen seine Rolle und Aufgabe gefunden hat. Der Umgang miteinander ist offen, man gibt sich gegenseitig Feedback und teilt Verantwortung und Kontrolle. Es bildet sich eine gemeinsame Teamsprache heraus.

Nun geht die Teamarbeit in die *Produktionsphase* über. Die Zusammenarbeit wird enger, die Teammitglieder erkennen ihre komplementären Fähigkeiten und setzen diese gezielt ein. Es entwickelt sich ein Stolz auf gelöste Aufgaben. Das hohe Leistungsniveau und der Spaß an der Arbeit führten zu dem Erlebnis: »Gemeinsam sind wir stark.«

Die vier Entwicklungsphasen werden in Kick-off-Veranstaltungen zum Teambuilding allen Teilnehmern präsentiert, damit sie vorher wissen, was auf sie zukommt und insbesondere die Frustrationsphase leichter überwinden können. Teamentwicklung ist ein kontinuierlicher dynamischer Prozess, der niemals aufhört und sich ständig weiterentwickelt und verändert. So bleibt ein Team auch nicht in der einmal erreichten Produktionsphase stehen, sondern wird beim nächsten Mal – mit neu gesetzten Zielen – alle Phasen in verkürzter Form wieder durchlaufen.

Wenn Teamarbeit absichtlich verhindert wird

Gelungene Teamarbeit stellt eine große Herausforderung im Unternehmen dar. Eine Teamkultur zu initiieren, einzuführen und zu etablieren ist Teil des integrierten und ganzheitlichen Weiterbildungsansatzes. Leider haben wir erlebt, wie die Teamarbeit im Unternehmen durch Einzelne vorsätzlich behindert oder gar unmöglich gemacht und dadurch der gesamte Change-Prozess blockiert oder ausgehebelt wurde. Teilweise handelt es sich hierbei schon um kriminelles Verhalten.

- Ein Mitarbeiter im Rechenzentrum nutzt heimlich die EDV-Anlagen, um seinen Swinger-Club zu organisieren.
- Ein ehrgeiziger Mitarbeiter im Personalbereich spricht viele Sprachen und hat gute Ideen; sein Arbeitsverhalten ist jedoch eher phlegmatisch.

Sein Chef hält ihn zwar für nützlich, will ihn aber aus Berechnung »absägen«. Der Chef tut das in solchen Fällen leider Übliche: Er »lobt« den Mitarbeiter »weg«. Gegenüber der Geschäftsleitung hebt er seine Qualifikation heraus, so dass der Betreffende schließlich Leiter der Auslandsbetreuung wird. Dieser Aufgabe ist der Mitarbeiter jedoch nicht gewachsen; sein Statusgehabe steht im Gegensatz zu seinen Fähigkeiten. Letztlich scheitert der Betreffende als Führungskraft und wird gekündigt.

- Ein neuer Geschäftsführer übernimmt das Unternehmen. Anstatt sich erst einmal einzuarbeiten und in die ablaufenden Prozesse hineinzufinden, wird eine Entlassungsaktion im großen Stil gefahren: Die gesamte obere Ebene der Führungskräfte sowie einige Mitarbeiter werden entlassen, die Verträge sämtlicher Berater und Trainer werden auf der Stelle gekündigt und der schon angelaufene Change-Prozess wird komplett gestoppt. Platzhirsch-Gehabe zum Schaden des Unternehmens. Ein Jahr später muss das Unternehmen Insolvenz anmelden.

- Ein Personalchef will einen externen Trainer für eine Change-Prozessbegleitung engagieren. Als er erfährt, was die Weiterbildungsmaßnahmen kosten sollen, heißt es sofort: »Das ist viel zu billig. Schlagen Sie 60 Prozent auf den Preis auf.« Überrascht von dieser Reaktion erfährt der Trainer im Nachsatz, dass er über 40 Prozent des aufgeschlagenen Preises monatlich als fingierte Rechnung an die selbstständige Ehefrau des Personalchefs auszustellen habe. Die Trainingsmaßnahme ist nur ein Vorwand, damit der Personalchef Gelder des Konzerns über den Umweg des Trainers in seine eigene Tasche lenken kann – und das bei einem ohnehin schon recht üppigen Gehalt. Der Trainer lehnt daraufhin den Auftrag ab. Eine Personal- und Organisationsentwicklung ist unter solchen Umständen ausgeschlossen.

- Frau Heisig[7] war Sachbearbeiterin in der Personalabteilung eines mittelständischen Betriebs. Sie erhielt die Aufgabe, als »Prozesskoordinatorin« die Durchführung der Weiterbildungsmaßnahmen zur Organisations- und Personalentwicklung im Unternehmen zu begleiten. Sie wurde in diesem Zusammenhang auch dem Vorstand vorgestellt und war sichtlich stolz auf ihre neue Aufgabe – ein Stolz, der sich jedoch bald in eine übertriebene Statusorientierung verwandelte. Diese konnte sie, solange die zuständige Personalleiterin nicht da war, ungeniert ausleben, womit sie mehrfach in den Arbeitsteams Probleme erzeugte. Es begann damit, dass sich der Betriebsrat beschwerte, am KVP-Workshop nähme eine unqualifizierte Person teil, die keine Ahnung von der

---

[7] Name von der Redaktion geändert

Materie habe. Es war Frau Heisig, die eigenmächtig über ihre Teilnahme »zur Beobachtung des Prozesses« entschieden hatte. Lange stritt Frau Heisig sich mit dem externen Trainerteam in Abwesenheit der Personalleiterin um den Titel, der ihr aufgrund ihrer neuen Aufgabe zukam. Sie wollte als »Projektleiterin« bezeichnet werden, obwohl sie nur »Koordinatorin« war. Frau Heisig stellte auch wiederholt bestimmte Arbeiten als ihre eigenen dar, die in Wirklichkeit von ihrer Chefin ausgeführt worden waren. Als sie schließlich auch noch dazu überging, ihre Chefin in ihrer Abwesenheit »schlecht zu machen«, wurde sie schließlich nach deren Rückkehr als Koordinatorin abgesetzt.

Wozu diese Beispiele? Natürlich haben Menschen ihre Stärken und Schwächen, aber es gibt ethisch-moralische Grenzen, jenseits derer man mit integrierter – und integrer – Weiterbildung erst gar nicht anzufangen braucht. Deshalb ist es sinnvoll, am Anfang des Weiterbildungsprozesses einen Wertekatalog aufzustellen. Es muss sichergestellt sein, dass die Belegschaft den vereinbarten Werten folgt. Mitarbeitern, die nicht bereit sind, diese Werte einzuhalten, muss mit Konsequenz und Härte begegnet werden, wobei auch Entlassungen nicht ausgeschlossen sein dürfen.

Kein Change-Prozess ohne Teamarbeit

Gelingt die Teamarbeit im Unternehmen, so erreicht sie einen höheren Grad der Ausprägung als vorher und wird zur Basis der produktiven Zusammenarbeit, um gemeinsam die gesetzten Ziele der Organisationsentwicklung zu erreichen. Gab es vorher im Unternehmen oft nur einzelne Gruppen, die mehr oder minder gut (zusammen-)arbeiteten, so agiert dann das ganze Unternehmen wie ein riesengroßes Team, das aus vielen kleinen Einzelteams besteht.

Damit verstärkt sich das Wir-Gefühl im ganzen Unternehmen, weil alle nun das Gefühl haben, an einem gemeinsamen Ganzen mitzuwirken. Hierarchische Grenzen spielen dann keine Rolle mehr, und der Fließbandarbeiter sitzt in der Kantine neben der Sachbearbeiterin aus der Buchhaltung. Jeder fühlt sich wertgeschätzt, weil er sieht, dass es gerade auf ihn ankommt. Der Einzelne fühlt sich nicht mehr als ein unwichtiges Rädchen im Getriebe, sondern als selbstständig handelnder »UvO«, der in seinem Arbeitsbereich einen wertvollen Beitrag zum Gelingen des großen Ganzen leistet – und das unabhängig von der Hierarchiestufe, auf der er steht. Dadurch erhöht sich enorm die Produktivität: Die Fehlerquote sinkt, die Motivation steigt, Einsparungen lassen sich realisieren und die

Gewinnmargen wachsen. Die gesamte Unternehmenskultur profitiert davon. Und nicht zuletzt wird der Change-Prozess im Unternehmen ein Erfolg.

> *»Der Glaube, das zu erreichen, was man wünscht,*
> *ist immer lustvoll.«*
> *(Aristoteles)*

Resümee und Ausblick

Die heutige Situation in der Weiterbildung

Die Weiterbildung in den Unternehmen ist in den letzten Jahren verstärkt unter Rechtfertigungsdruck geraten. Sie sei zu teuer, zu ineffizient und zu wenig praxisbezogen. Teilweise ist dies eine Folge der Struktur des heutigen zersplitterten Weiterbildungsmarktes. Es werden zu viele standardisierte Seminare und isolierte Einzeltrainings angeboten, die nicht aufeinander abgestimmt sind und vor allem nicht auf die Bedürfnisse der jeweiligen Unternehmen zugeschnitten, sowie sehr unterschiedlich in ihrer Qualität sind.

Mit eher wissenschaftlich-theoretischem Hintergrund wurde ein umfangreiches Bildungscontrolling entwickelt, das mit vielen und zum Teil neuen Kennzahlen versucht, den Weiterbildungserfolg genauer messbar zu machen. Die Praxis zeigt jedoch, dass die meisten Unternehmen davon bestenfalls rudimentären Gebrauch machen: Nur 66 Prozent der Unternehmen führen überhaupt eine Bildungsbedarfsanalyse durch und das meist auch nur im Hinblick auf einen kurzfristig anstehenden Bedarf, aber nicht im Hinblick auf ein längerfristiges Bildungs-Gesamtkonzept für das Unternehmen.

Zwar setzen 80 Prozent der Unternehmen eine Erfolgskontrolle ein, aber diese beschränkt sich überwiegend auf standardisierte Seminarbeurteilungen in Form oberflächlicher »Happiness-Sheets«, die meist nur die Zufriedenheit der Teilnehmer unmittelbar nach der Veranstaltung abfragen. Das durchgeführte Controlling ist somit eher *operativer* als *strategischer* Art: ein Blick in den Rückspiegel, um nachträglich zu bewerten, welche Maßnahmen Erfolg hatten und welche nicht.

Wir plädieren für ein *strategischer* ausgerichtetes Bildungscontrolling, das die Frage in den Mittelpunkt stellt: »Welche Bildungsmaßnahmen tragen proaktiv zur Erreichung der Unternehmensziele – und damit zur Organisationsentwicklung im Ganzen – bei?« Außerdem sind wir der Ansicht, dass das Augenmerk im Bildungscontrolling mehr auf die pädagogische als auf die ökonomische Seite gerichtet werden sollte. Denn die vorhandenen quantitativen und qualitativen Controlling- und Kennzahlensysteme reichen aus, um die Effektivität von Bildungsmaßnahmen nachzuweisen, jedoch müsste die pädagogische Seite erheblich verbessert werden.

Wir stellen ein in der Unternehmenspraxis vielfach erprobtes Konzept vor, das die aufgestellten Kriterien des Bildungscontrollings erfüllt: das *integrierte Training,* das im Rahmen einer *ganzheitlichen Weiterbildung* im Unternehmen durchgeführt wird. Es hat folgende Merkmale:

- Es bettet die Personalentwicklung in den übergeordneten Zusammenhang der Organisationsentwicklung ein und ist damit an den Unternehmenszielen ausgerichtet, anstatt sich auf einzelne isolierte Maßnahmen zu beschränken.
- Die gesamten Weiterbildungsmaßnahmen werden für jedes Unternehmen und seine Bedürfnisse jeweils maßgeschneidert.
- In die Weiterbildungsmaßnahmen werden alle Mitarbeiterebenen und -bereiche sowie Führungskräfte einbezogen. Dadurch lässt sich der Erfolg für das gesamte Unternehmen sicherstellen.
- Der *Praxistransfer* des Erlernten wird sichergestellt, und zwar auf der Basis eines besonderen pädagogischen Ansatzes, der tragend ist für alle Weiterbildungsmaßnahmen.
- Es findet eine *Prozess- beziehungsweise Umsetzungsbegleitung* statt, die sich über den gesamten Zeitraum der Personal- und Organisationsentwicklung bis zur Erreichung der Ziele hinzieht.
- Anhand eines detailliert durchgeführten Bildungscontrollings, das bereits vor der Bedarfsanalyse mit der Festlegung der Unternehmensziele einsetzt, lässt sich sowohl *quantitativ* als auch *qualitativ* präzise überprüfen, inwieweit die Weiterbildungsmaßnahmen erfolgreich waren.
- Das integrierte Training hat nachweislich einen so hohen *Return-on-Investment,* dass die Weiterbildung sich selbst trägt. Der Nutzen im Hinblick auf die Weiterentwicklung der Organisation und des Personals ist erheblich höher als die Kosten.

Change-Prozesse steuern – Unternehmensziele erreichen

Change-Prozesse, wie sie in Anbetracht der Wettbewerbs- und Marktsituation vielfach gefordert werden, kommen oft an den entscheidenden Stellen nicht voran. Statt eine Aufbruchstimmung zu erzeugen, entsteht ein lähmender, unergiebiger und quälend langsamer Prozess, der kaum Fortschritte erkennen lässt. Mit der richtigen Methode jedoch sind große Entwicklungsschritte in kurzer Zeit möglich.

Das ganzheitliche Weiterbildungskonzept beginnt mit einer intensiven Analyse der Unternehmenskultur, um die Stärken und Schwächen der Organisation zu ermitteln und festzustellen, wo sich der Hebel für das Change-Management am besten ansetzen lässt. Mit der anschließenden Erarbeitung von Unternehmenszielen und -strategien wird dann eine tragfähige Grundlage für die Weiterbildung der Mitarbeiter im Unternehmen geschaffen.

Die Unternehmensziele fokussieren alle kommenden Weiterbildungs-maßnahmen in die angestrebte Richtung der Organisationsentwicklung. Dies vermeidet das sonst im Weiterbildungsbereich übliche Vorgehen, nur einzelne, isolierte Maßnahmen durchzuführen und den Hebel an unter-schiedlichen Stellen anzusetzen.

Anschließend werden die Ziele auf jede Ebene und jeden Bereich im Unternehmen heruntergebrochen: Was muss von wem bis wann geleistet werden, um diese Ziele zu erreichen? In diesen Prozess werden sämtliche Mitarbeiter und sämtliche Führungskräfte des Unternehmens einbezogen.

Ein Fehler, der häufig bei Change-Prozessen gemacht wird, ist der, dass man vergisst, die Zustimmung aller Mitarbeiter zu den kommenden Veränderungen und zur Erreichung der Ziele einzuholen. Es genügt jedoch nicht, die Mitarbeiter einfach nur zu informieren, sondern es muss auch die Gelegenheit bestehen, über die kommenden Veränderungen zu kommunizieren. Ansonsten fühlen sich die Mitarbeiter häufig mit der neuen Situation überfordert und reagieren mit Ablehnung, Skepsis und Zurückhaltung – was wiederum den ganzen Prozess ins Stocken bringt.

Daher sollte für die gesteckten Unternehmensziele ein Kraftfeld in der gesamten Belegschaft aufgebaut werden. Idealerweise geschieht dies, indem die Mitarbeiter die Visionen und Werte des Unternehmens gemein-sam erarbeiten und ausdrücklich ihr Commitment zur Erreichung der Ziele geben. Die Vision wirkt dabei motivierend und begeisternd und gibt allen das Gefühl: »Gemeinsam schaffen wir es«.

Die Zukunftswerkstatt

Insbesondere in großen Belegschaften lassen sich Visionen in einer motivierenden Großveranstaltung – der sogenannten Zukunftswerkstatt – mit bis zu 400 Personen gemeinsam entdecken und festhalten. Die Zukunftswerkstatt folgt einem ganz bestimmten Design, das sich von anderen Großveranstaltungen deutlich unterscheidet.

Sie hat ein lebendiges Design mit vielen kreativen Live-Erlebnisele-menten. Vor allem aber werden die Teilnehmer selbst aktiv und erarbeiten in Kleingruppen gemeinsam in lockerer Form bestimmte Aufgabenstel-lungen, die auf das Ziel der Veranstaltung ausgerichtet sind. Dabei stehen Spiel, Spaß, Kreativität und eine intensive Kommunikation im Vorder-grund. Die Ergebnisse werden dann im Plenum in Form von Sketchen, Rollenspielen, kleinen Präsentationen, Pantomimen et cetera vorgetra-gen.

Trotz der lockeren und ungezwungenen Atmosphäre ist die Zukunfts-werkstatt ein seriöses Arbeitsinstrument, denn sie eignet sich, um Veränderungsimpulse bei allen Mitarbeitern zu implementieren und damit eine Resonanz in der gesamten Organisation zu schaffen. Die Veranstaltung gibt den Teilnehmern das Gefühl, an den Entscheidungs- und Gestaltungsprozessen im Unternehmen selbst mitzuwirken und live dabei zu sein. Das verleiht dem kommenden Change-Prozess eine besondere Bedeutung und eine hohe Qualität. Durch die Betonung des kreativ-spielerischen Elements wird der Fokus außerdem von Problemen weg- und auf Lösungen und neue Ansätze hingelenkt.

Ein weiterer Vorteil besteht darin, dass sich durch die intensive Kommunikation in Kleingruppen die Wahrnehmung der Unternehmenssituation verändern kann. Statt nur seine eigene Perspektive in seinem Arbeitsbereich zu sehen, hat der Einzelne Gelegenheit, auch Kollegen aus anderen Bereichen kennenzulernen und damit seine Sicht und sein Verständnis der Zusammenhänge am Arbeitsplatz zu erweitern. Die Zukunftswerkstatt setzt ein Signal für das Unternehmen. Dadurch, dass alle für das gemeinsame Ziel gewonnen werden und sich bereit erklären mitzumachen, wird nicht zuletzt auch Hinderern und Blockierern der Wind aus den Segeln genommen.

Die Bildungsbedarfsanalyse

Der Bildungsbedarf ergibt sich aus der Diskrepanz zwischen dem Ist- und dem Soll-Profil der Mitarbeiter. Das Ist-Profil gibt Auskunft über die tatsächlichen Fähigkeiten der Mitarbeiter in den Bereichen Fach-, Sozial-, Methoden- und Persönlichkeitskompetenz. Das Soll-Profil entsteht einerseits auf der Basis der Stellenbeschreibungen und Anforderungsprofile, andererseits auch aus den neuen, im Hinblick auf die Unternehmensziele und den Change-Prozess benötigten Fähigkeiten, die bisher noch nicht in den Beschreibungen und Anforderungsprofilen enthalten sind.

Die Bildungsbedarfsanalyse, so wie sie heute in vielen Unternehmen durchgeführt wird, ist nicht ideal. Häufig wird versucht, sie zu vereinheitlichen, zu zentralisieren oder auf Online-Befragungen zu beschränken; außerdem werden Mitarbeiter oft nur nach der sehr subjektiven Einschätzung einzelner Vorgesetzter beurteilt. Wir plädieren daher für ein anderes, gründlicheres Verfahren, das mehr Treffsicherheit aufweist und den Bedarf präziser erfasst.

Nach unserem Verständnis verbindet die Bildungsbedarfsanalyse konsequent die Personal- mit der Organisationsentwicklung. Sie wird gründlich, unter anderem in Form von Einzelinterviews, durchgeführt, wobei Feedbackschleifen eingebaut werden, so dass sich ein vollständigeres Gesamtbild ergibt. Dazu wird der wirkliche Weiterbildungsbedarf ermittelt, der sich oft woanders verbirgt als geglaubt. Der Fokus liegt grundsätzlich darauf, die Stärken und Potenziale der Mitarbeiter zu entfalten, statt nur ihre Schwächen und Defizite zu beseitigen.

Zudem wird Wert darauf gelegt, bei Personalauswahlverfahren die Mitarbeiter in ihrem *authentischen* Verhalten zu beobachten und zu bewerten, anstatt in künstlichen Prüfungssituationen, die durch das dann eher unnatürliche Verhalten ein unzutreffendes Bild von den Fähigkeiten des Einzelnen geben.

In einem bisher einzigartigen Personalauswahlverfahren mit anschließendem fünfwöchigen integrierten Trainingsprogramm für gewerbliche Mitarbeiter und Führungskräfte wurde das ganzheitliche Weiterbildungskonzept unter anderem bei einem Automobilzulieferer mit großem Erfolg realisiert. Eine wissenschaftlich durchgeführte Langzeit-Evaluation zeigte unter anderem, dass noch fünf Jahre später positive Auswirkungen der durchgeführten Bildungsmaßnahmen messbar waren: So waren die Personalfluktuation wie auch der Krankenstand erheblich niedriger als im Branchendurchschnitt, und die Fehlerquote in der Produktion (PPM) konnte auf unglaubliche null Prozent gesenkt werden. Die anfänglich überdurchschnittliche Investition in die Personalauswahl und die Seminare wurde im vollen Umfang amortisiert; im Anschluss sanken die Folgekosten für Schulungen so weit ab, dass sie über Jahre hinweg weniger als ein Prozent des Gesamtumsatzes bei konstanter Leistungssteigerung betrugen. Außerdem entwickelte sich im Unternehmen eine ausgesprochen positive Kultur, in der Kaizen, Kundenorientierung und Teamgeist von allen gelebt werden.

Kreative und praxisnahe Trainings

Der im Bildungscontrolling immer wieder geforderte und von den Unternehmen so oft vermisste Praxistransfer von Weiterbildungsmaßnahmen gelingt nur, wenn die Seminare pädagogisch so konzipiert und durchgeführt werden, dass sie einen klaren Bezug zum beruflichen Alltag der Teilnehmer haben. Das gelingt im integrierten Training durch ein spezielles pädagogisches Konzept, das sich vom klassischen frontalorientierten Seminar mit seiner Überbetonung kognitiver Elemente abgrenzt.

Integriertes Training ist *gehirngerecht und suggestopädisch:* Alle Wahrnehmungskanäle werden angesprochen, und es wird berücksichtigt, dass Menschen bei der Informationsverarbeitung individuell unterschiedliche Präferenzen haben und verschiedenen Lerntypen zuzuordnen sind.

Integriertes Training ist *teilnehmerzentriert und praxisnah:* Ausgehend von den konkreten Bedürfnissen der einzelnen Teilnehmer, ihren jeweils unterschiedlichen Fähigkeiten und ihrem Lernvermögen werden geeignete Lernanlässe geschaffen, die sich an Aufgaben orientieren, die mit Situationen des beruflichen Alltags *eng verbunden* sind. Besonders eignen sich hier Rollenspiele, die so konzipiert sein müssen, dass die Teilnehmer sich selbst spielen und authentisch verhalten können, anstatt in fremde Rollen schlüpfen zu müssen, die keinen Lernerfolg und keinen Praxistransfer möglich machen.

Integriertes Training berücksichtigt *Lernerfolgskontrollen und Feedback.* Auch hier kann mit kreativen Übungen sowie mit Videoaufzeichnungen eine anregende und spielerische Atmosphäre geschaffen werden, die sich von herkömmlichen Prüfungssituationen mit ihrem üblichen Stress deutlich unterscheidet.

Integriertes Training beschränkt sich nicht auf einzelne Weiterbildungsmaßnahmen für bestimmte Ebenen oder Bereiche im Unternehmen, sondern trainiert alle Mitarbeiter, damit die gesetzten Unternehmensziele erreicht werden.

Das integrierte Trainingskonzept hat ein anderes Verständnis des Trainers: Er ist nicht mehr Schulmeister oder Präsentator des Lernstoffs, sondern Moderator und Prozessbegleiter, der die Teilnehmer auf ihrem Lernweg als Sparringspartner unterstützt.

KVP im Unternehmen

Auch im KVP-Bereich lässt sich mit geeigneten Trainings mehr erreichen als mit herkömmlichen KVP-Maßnahmen, die oft die Mitarbeiter nicht konsequent einbeziehen. Es gilt, das Potenzial der Mitarbeiter aller Ebenen – auch der gewerblichen – richtig zu nutzen und einzusetzen. Dann werden die Mitarbeiter zu UvOs – zu *Unternehmern vor Ort,* die eigenverantwortlich und selbstständig an ihrem Arbeitsplatz denken und handeln, nach Verbesserungen suchen und diese im Konsens mit dem gesamten Produktionsteam realisieren.

Nach dem ganzheitlichen Weiterbildungskonzept werden zunächst die Ziele des KVP-Prozesses mit der Geschäftsleitung festgelegt und anschließend alle Mitarbeiter in einer motivierenden Kick-off-Veranstaltung zum engagierten Mitmachen bewegt. Der sich anschließende KVP-Prozess wird mit einzelnen Workshops so gestaltet, dass die Produktion nicht unterbrochen werden muss.

Die KVP-Workshops umfassen sieben Phasen: Teambildung, Produktionsstättenanalyse, gemeinsame Zielformulierung, Auswertung, Umsetzung/Umbau, Probelauf und Präsentation. Die KVP-Teams werden heterogen zusammengesetzt und schließen nicht nur Produktionsmitarbeiter ein. Die üblichen KVP-Werkzeuge werden gehirngerecht und lernerzentriert vermittelt. Werden gewerbliche Mitarbeiter mit spielerischen und alltagsnahen Übungen in die Anwendung der Tools eingeführt, so sind sie oft schon nach wenigen Stunden in der Lage, diese richtig anzuwenden.

Die Produktionsstättenanalyse wird vom KVP-Trainer gemeinsam mit den Mitarbeitern durchgeführt. Verbesserungen werden nicht einfach von oben angeordnet, sondern von den Mitarbeitern selbst entdeckt. Gemeinsam im Team werden die Ergebnisse der Analyse ausgewertet und die Ziele der Verbesserungen beschlossen. Schließlich werden die Maßnahmen umgesetzt und nach Probeläufen eingeführt. Der krönende Abschluss besteht darin, dass das KVP-Team seine erzielten Verbesserungen den Führungskräften als gemeinsame Leistung präsentiert. Deren wertschätzende Anerkennung erhält die Motivation der Mitarbeiter, den Verbesserungsprozess weiterhin kontinuierlich voranzutreiben.

Mit dem integrierten und ganzheitlichen Trainingskonzept wurden im KVP-Bereich nachweislich hohe Einsparungen erzielt. Teilweise wurden mit der Durchführung lediglich eines einzigen Workshops schon sechsstellige Beträge pro Jahr eingespart.

Bildungscontrolling: Evaluation der Weiterbildung

Grundlage des strategischen Controllings sind die zu Anfang des Zyklus jeweils festgelegten Unternehmensziele (Organisationsentwicklung) sowie die Ziele der Weiterbildung (Bildungsbedarfsanalyse, Personalentwicklung), deren Erreichung mit dem Abschluss der Trainingsmaßnahmen überprüft wird, sowohl mit quantitativen als auch mit qualitativen Instrumenten. Im Sinne des operativen Controllings können nun die Kosten für die Weiterbildung den realisierten Einsparungen und Gewinnen gegenübergestellt werden. Effizienz ist dann gegeben, wenn die Wirksamkeit der Weiterbildung messbar höher ist als ihre Kosten.

Für die qualitative Bewertung sind standardisierte Verfahren wie »klassische« Mitarbeiterbeurteilungssysteme oft wenig geeignet, weil sie den Hebel nicht unbedingt an der richtigen Stelle ansetzen. Auf der Basis der übergeordneten Ziele der Organisation sollten Mitarbeiterbeurteilungsbögen für das jeweilige Unternehmen maßgeschneidert sein. Gleichzeitig muss sichergestellt sein, dass die Führungskräfte die Bögen richtig ausfüllen und zwischen Wahrnehmung, Bewertung und Beurteilung klar differenzieren können.

Damit die Vorgesetzten die Mitarbeiterjahresgespräche professionell führen und auch schwierige Gesprächssituationen meistern können, sind gegebenenfalls spezielle Schulungen erforderlich. In den Gesprächen sollte die Führungskraft dem Mitarbeiter auf gleicher Ebene begegnen und ihr Beteiligungsmöglichkeiten einräumen, anstatt einfach nur die Beurteilung zu »verkünden«.

Spezielle Verfahren wie die individuelle Bedarfsanalyse von Führungskräften und das 360-Grad-Feedback sind als Ergänzung für das Mitarbeiterjahresgespräch sinnvoll, um die Perspektiven von möglichst vielen internen und externen Beteiligten in die Beurteilung eines Mitarbeiters oder einer Führungskraft einfließen zu lassen.

Wie kompetente Personal- und Organisationsentwicklung verhindert wird

Es kommt des Öfteren vor, dass eine kompetente Personal- und Organisationsentwickung von gewissen Führungskräften im Unternehmen behindert, blockiert oder vollkommen ausgehebelt wird, weil sie im Sinne der Besitzstandswahrung eigene Privilegien nicht aufgeben wollen oder weil sie damit überfordert sind, Mitarbeitern mehr Eigenverantwortlichkeit und Selbstständigkeit zuzugestehen. Der jahrhundertelang gepflegte und in Unternehmen vielfach noch praktizierte autoritäre Führungsstil ist oft die einzige Art und Weise, in der Vorgesetzte gelernt haben, ihre Mitarbeiter zu führen.

Angemessener ist heute jedoch der situative Führungsstil, bei dem die Art und Weise der Führung eines Mitarbeiters dessen jeweiligem Entwicklungsstand hinsichtlich Kompetenz und Engagement angepasst wird. Der Führungsstil variiert danach, wie viel Unterstützung der Einzelne in einer konkreten Situation benötigt.

Es gibt eine Reihe von beliebten manipulativen Spielchen, die in Unternehmen Eigenverantwortlichkeit und Selbstständigkeit aller Beteiligten untergraben. Dazu gehört die Inszenierung des Drama-Dreiecks mit der Konstellation Verfolger, Opfer und Retter, die durch wechselseitige Abwertungen und Abhängigkeiten charakterisiert ist. Die meisten Spiele laufen unbewusst ab und können durch geeignete Schulungen oder Coachings bewusst gemacht werden, so dass der Einzelne daraus aussteigt und die Verantwortung für sein Handeln in der jeweiligen Situation übernimmt. Dieses Aussteigen aus den Spielen ist eine wichtige Basis für das Funktionieren der Teamarbeit.

Damit eine Gruppe von Mitarbeitern zu einem Team wird, muss sie zuerst den Teambildungsprozess durchlaufen. Im Auf und Ab der verschiedenen Phasen eines Teams gilt es, durch eine kompetente Teamleitung die Ziele nicht aus den Augen zu verlieren und Frustrationen zu überwinden, damit das Team nicht zum unproduktiven »Jammerzirkel« wird. Im Team sollten Entscheidungen im Konsens gefällt werden, was bedeutet, dass sie für alle akzeptabel sein müssen, ohne dass alle Teammitglieder unbedingt hundertprozentig zufrieden sein müssen.

Eine Teamkultur zu initiieren, einzuführen und zu etablieren ist Teil des integrierten und ganzheitlichen Weiterbildungsansatzes. Gelingt dies, so arbeitet idealerweise das Unternehmen wie ein einziges Team, das aus vielen Einzelteams besteht, zusammen. Der Einzelne wird in solchen Teams zum selbstständig und eigenverantwortlich handelnden Unternehmer vor Ort (UvO), der stolz darauf ist, in seinem Arbeitsbereich einen wertvollen Beitrag zum Gelingen des Ganzen zu leisten, und das unabhängig davon, welchem Bereich und welcher Hierarchiestufe er angehört. Unternehmen zu solch produktiven, wettbewerbsfähigen Teams zu machen, ist nicht zuletzt das Ziel des integrierten Trainings auf der Basis des ganzheitlichen Weiterbildungskonzepts.

Sicherung des Standortes Deutschland

Noch immer schneidet Deutschland bei Befragungen zum Standort-Potenzial recht schlecht ab. Bei einem Ranking der Bertelsmann-Stiftung im November 2006 war Deutschland unter allen 21 Industrienationen das Schlusslicht – mit der dritthöchsten Arbeitslosigkeit und einem hinkenden Wachstumspotenzial.

Mit engagierten wie motivierten Mitarbeitern und Führungskräften, die selbstständig und eigenverantwortlich ihre Arbeitsbereiche steuern, hat Deutschland eine Chance, im internationalen Wettbewerb und in der Globalisierung zu gewinnen. Denn gerade das ist es, was Deutschland von den Ländern Osteuropas und Asiens des öfteren unterscheidet: die hohe Qualifikation der Beschäftigten.

Wir haben anhand vieler Beispiele im Buch gezeigt, wie sich erfolgreiche mittelständische und große Unternehmen durch gezielte Weiterbildungsmaßnahmen zu größerer Wettbewerbsfähigkeit entwickelten: Sie erhöhten ihren Qualitätsstandard und ihr Qualitätsbewusstsein, sie befähigten die Mitarbeiter zu höheren Leistungen, sie banden High Potentials langfristig ans Unternehmen, und sie sparten in vielen Bereichen Kosten ein. All dies ist auch ein Beitrag dazu, das Abwandern insbesondere der Produktion ins Ausland zu verhindern, um so den Standort Deutschland langfristig zu sichern.

Literatur

Blanchard, Ken | Zigarmi, Patricia u.a.: *Der 01-Minuten-Manager: Führungsstile. Wirkungsvolles Management durch situationsbezogene Menschenführung.* Reinbek 1986.

Dehner, Ulrich: *Die alltäglichen Spielchen im Büro. Wie Sie Zeit- und Nervenfresser erkennen und wirksam dagegen vorgehen.* München 2. Auflage 2004.

Doppler, Klaus | Furhmann, Hellmuth u.a.: *Unternehmenswandel gegen Widerstände. Change Management mit den Menschen.* Frankfurt 2002.

Eilles-Matthiessen, Claudia | Janssen, Susanne: *Beratungskompass. Grundlagen von Coaching, Karriereberatung, Outplacement und Mediation.* Offenbach 2005.

Gust, Mario | Weiß, Reinhold (Hrsg.): *Praxishandbuch Bildungscontrolling. Bildungscontrolling für exzellente Personalarbeit.* O.O 2005.

Hummel, Thomas R.: *Erfolgreiches Bildungscontrolling. Praxis und Perspektiven.* Heidelberg 2. Auflage 2001.

Königswieser, Roswita | Keil, Marion (Hrsg.): *Das Feuer großer Gruppen. Konzepte, Designs, Praxisbeispiele für Großveranstaltungen.* Stuttgart 2000.

Kostka, Claudia | Kostka, Sebastian: *Der Kontinuierliche Verbesserungsprozess. Methoden des KVP.* München 3. Auflage 2007.

Krekel, Elisabeth | Seusing, Beate (Hrsg.): *Bildungscontrolling – ein Konzept zur Optimierung der betrieblichen Weiterbildung.* Bielefeld 1999.

Lang, Karl: *Bildungscontrolling. Personalentwicklung effizient planen, steuern und kontrollieren.* Wien 2. Auflage 2006.

Phillips, Jack J. | Schirmer, Frank C.: *Return-on-Investment in der Personalentwicklung. Der Fünf-Stufen-Evaluationsprozess.* Berlin 2005.

Sattelberger, Thomas: »*Bildungsbedarfserfassung – Nadelöhr einer entwicklungs- und problemlösungsorientierten Bildungsarbeit.*« In: Organisationsentwicklung (OE), 1983, Heft 4.

SKILL-Autorenteam | Ackermann, Rolf u.a.: *Kreativ lehren und lernen.* Offenbach 2. Auflage 1995.

Spinola, Roland | Peschanel, Frank D.: D*as Hirn-Dominanz-Instrument (H.D.I.). Grundlagen und Anwendungen des Ned-Hermann-Modells für die Personalentwicklung.* Speyer 1988.

Wahren, Heinz-Kurt: *Erfolgsfaktor KVP. Mitarbeiter in Prozesse der kontinuierlichen Verbesserung integrieren.* München: 1998.

Witt, Jürgen | Witt, Thomas: *Werkzeuge des Qualitätsmanagement in der KVP-Praxis.* Düsseldorf 2007.

Zink, Klaus J.: *TQM als integratives Managementkonzept. Das EFQM Excellence Modell und seine Umsetzung.* München 2. Auflage 2004.

zur Bonsen, Matthias: *Führen mit Visionen. Der Weg zum ganzheitlichen Management.* Niedernhausen 2000.

zur Bonsen, Matthias: *Real Time Strategic Change. Schneller Wandel mit großen Gruppen.* Stuttgart 2003.

Register

Danksagung

Das vorliegende Buch konnte nur entstehen, weil mich viele Menschen in meiner beruflichen Laufbahn geprägt und unterstützt haben:

Thomas Blume, Fortbildungsleiter, der die suggestopädischen Anfänge stets unterstützte,

Ronny Böhm, Personalentwickler, der mich stets motivierte, meinen Weg zu gehen,

Gaby Bremicker, Ausbilderin, die meine Potenziale nicht nur entdeckte, sondern vorbildlich förderte,

Michael Hakes, HR Vizepräsident, der Werte wie Offenheit, Ehrlichkeit und Vertrauen auf allen Ebenen vorlebt,

Jutta Häuser, Marketing-Spezialistin, die mich professionell berät,

Stephan Johnen, HR Vizepräsident, der durch antizyklisches Handeln eine komplette Organisation bewegte,

Frank Kaiser, Vorstand, dem ich meine Internationalität verdanke,

Monika Konrad, gewerbliche Arbeiterin, die durch ihre Persönlichkeit nicht nur ein internationales Management-Development-Projekt prägte,

Wolfgang Merkel, Vizepräsident, der Change Management kontinuierlich lebt und mir die Gelegenheit gibt, neue Ideen mit ihm erfolgreich umzusetzen,

Johannes Roters, Group Vice President and General Manager Europe, der mich durch sein Wissensmanagement und seine Lösungsorientierung begeisterte,

Petra Sonst, HR Manager Germany, die mit Innovationsgeist und Mut außergewöhnliche Personalentwicklungskonzepte erfolgreich umsetzt.

Weiterhin danke ich allen, die konkret am Buchprojekt mitgewirkt haben:

der Hermann International Deutschland GmbH & Co KG, die die Abbildung 13 zur Verfügung gestellt hat,

Ute Hillebrand, Grafik-Designerin, für die kreative Ader und professionelle Unterstützung bei der Gestaltung der Abbildungen für das Buch,

Dr. Sonja Ulrike Klug, Buchagentur Netzwerk, die mit einem professionellen Publikationsmanagement das gesamte Buchprojekt kompetent begleitet hat,

Michael Schickerling, Programmleiter des mi-Fachverlags, der dieses Buch ins Verlagsprogramm aufgenommen hat,

sowie allen Trainerkolleginnen und -kollegen, die Ideen und Informationen zum Inhalt beigesteuert haben.

Besonderer Dank gilt meinen Kolleginnen und Kollegen, die die Philosophie des integrierten Trainings leben:

Stefani Bauerdick, unsere Office-Managerin, die uns im administrativen Bereich bestens begleitet,

Nicole Ewen, deren systemische Ausrichtung und eignungsdiagnostische Fähigkeiten die Projektphasen erfolgreich machten,

Christoph Kaufmann, der durch seine analytischen Fähigkeiten die unterschiedlichen Bereiche im Projektmanagement begeistert,

Gianni Liscia, der durch seine polarisierende Art Trainings und Coachings zu einem unvergesslichen Ereignis werden lässt,

Martin Lürbke, meinem Supervisor, der mich durch Reflexion und Ehrlichkeit so sehr weiterbringt,

Svenja Neuhaus, die strategische Personalentwicklung ganzheitlich lebt und umsichtig umsetzt,

Tanja von Rekowski, die mit unkonventionellen Methoden die Prozessziele übertrifft,

Roland Schurke, der jedes Seminar zu einem motivierenden ergebnisorientierten Ereignis werden lässt,

Manfred Spruch, der die produktionsorientierten KVP-Workshops mit wertschätzender Provokation erfolgreich moderiert.

Meinen langjährigen Freunden bin ich für die gemeinsamen Erlebnisse mehr als dankbar. Sie bringen mich mit vielen Gesprächen und Coachings auch beruflich weiter.

Ganz herzlich danke ich meiner Familie, insbesondere meinem Sohn Marvin, der mich sogar in suggestopädischen Ansätzen unterstützte.

Unseren Kunden danke ich für Respekt, Menschlichkeit und das Wichtigste: Vertrauen.

Danke, dass Sie – liebe Leserin, lieber Leser – sich Zeit für die Lektüre dieses Buches genommen haben! Ich wünsche Ihnen bei der Umsetzung der Philosophie des integrierten Trainings viel Erfolg in Ihrem Unternehmen.

André Domscheit
August 2007

Autoreninformation

André Domscheit studierte Betriebspädagogik an der Universität Duisburg. Seine Ausbildung zum Kaufmann im Einzelhandel und die anschließende Führungserfahrung im Handel und in der Automobilzulieferer-Industrie legten den Grundstein für seine Selbstständigkeit im Jahre 1991 als Trainer und Berater.

Einen Namen machte sich André Domscheit durch preisgekrönte Konzepte in der strategischen Personal- und Organisationsentwicklung.

Integrierte Trainings und Coachings – wie beispielsweise im Bereich Sales Management, Führung und Kommunikation – sowie die Moderation von Zukunftswerkstätten gehören zu seinen Kernkompetenzen.

Er trainiert und berät mit seinem TrainerInnen-Team namhafte internationale Konzerne und mittelständische Unternehmen in der visionsgeleiteten Organisations- und Personalentwicklung.

www.domscheit.biz